高等职业教育本科医疗器械类专业规划教材

智能制造技术探索及应用

（供医疗器械工程技术、康复工程技术、新材料与应用技术、
机械工程、电气工程及其自动化等专业用）

主　编　许晶波

副主编　陈　健　宋孙浩

编　者　（以姓氏笔画为序）

　　　　许晶波（浙江药科职业大学）

　　　　邹　锋（浙江药科职业大学）

　　　　宋孙浩（宁波城市职业技术学院）

　　　　陈　健（浙江大学医学院附属口腔医院）

　　　　郑天江（中国科学院宁波材料技术与工程研究所）

中国健康传媒集团

中国医药科技出版社

内 容 提 要

本教材是"高等职业教育本科医疗器械类专业规划教材"之一，系根据高等职业教育本科人才培养方案和本套教材编写而成。全书共包括 6 章；智能制造概述、智能制造推进战略、智能制造装备、工业软件、工业互联网与大数据、典型案例与深度分析。可读性强，结合典型案例与应用，帮助学生拓展视野。

本教材可供全国高等职业本科院校医疗器械工程技术、康复工程技术、新材料与应用技术、机械工程、电气工程及其自动化等专业师生作为教材使用，也可作为相关从业人员的参考用书。

图书在版编目（CIP）数据

智能制造技术探索及应用／许晶波主编． − − 北京：
中国医药科技出版社，2024.7. − −（高等职业教育本科
医疗器械类专业规划教材）． − − ISBN 978 − 7 − 5214 − 3743
− 0

Ⅰ . TH166

中国国家版本馆 CIP 数据核字第 2024WY9008 号

美术编辑　陈君杞
版式设计　友全图文

出版　**中国健康传媒集团** | 中国医药科技出版社
地址　北京市海淀区文慧园北路甲 22 号
邮编　100082
电话　发行：010 − 62227427　邮购：010 − 62236938
网址　www. cmstp. com
规格　889mm × 1194mm $\frac{1}{16}$
印张　7
字数　196 千字
版次　2024 年 7 月第 1 版
印次　2024 年 7 月第 1 次印刷
印刷　天津市银博印刷集团有限公司
经销　全国各地新华书店
书号　ISBN 978 − 7 − 5214 − 3743 − 0
定价　**45.00 元**

获取新书信息、投稿、
为图书纠错，请扫码
联系我们。

　　智能制造是一个"大系统""大概念"，是我国创新发展的主要抓手，也是加快建设制造强国的主攻方向。目前智能制造已渗透进各行各业。面对医疗器械高端化、智能化的不断推进，要培养适合智能制造的医疗器械行业职业本科类应用型人才，以支撑产业的转型发展和人才输送。目前职业本科院校数量少，可借鉴案例少，培养模式及方法有待发掘延伸。医疗器械类专业更是缺少在智能制造领域的探索经验，因此编写一本适用于职业本科医疗器械类专业的智能制造方面教学的书籍具有重大的现实意义。

　　《智能制造技术探索及应用》就是在这样的需求下应运而生。在内容架构上，本教材对智能制造理论、政策推动、企业实践等三个维度进行有机整合，三个维度各有侧重。本教材内容覆盖全面，从智能制造历史沿革切入，阐述智能制造本质内涵，分析智能制造发展趋势，探索全球动向及前沿应用。对比国内外智能制造战略推进策略与政策环境，分析智能制造推进难点与误区。高档数控机床、工业机器人、增材制造、智能车间与智能工厂、智能物流与仓储装备是智能制造装备的关键，也是实现制造业智能发展的基础。工业软件、工业互联网与大数据是助力智能制造装备数据传输、转型升级的重要因素。汽车行业、国防工业以及医药行业的典型案例深度剖析则加强对智能制造技术应用的理解。

　　本教材编写团队由来自教学一线具有丰富教学经验的骨干教师、具有多年一线企业工作经验的高级工程师、科研成果丰硕的科研机构研发人员组成，形成优势互补。以职业本科医疗器械相关专业人才培养方案的培养目标及行业企业的实际应用需求为导向，重点结合医疗器械领域，挖掘医工融合技术在智能制造方向的应用及实践，充分考虑学生认知规律，在保证知识的系统性、完整性的基础上，体现"必需""够用"的高等职业教育特点。

　　本教材主要适用于全国高等职业本科院校医疗器械工程技术、康复工程技术、新材料与应用技术师生使用，也可供机械工程、电气工程及其自动化、计算机科学与技术等专业作为专业课程的教材，同时亦可供从事智能制造技术研究及工作的科技人员参考。

　　在编写过程中，编者参考了许多优秀的专著和教材，在此向本书所借鉴、参考的所有文献的作者们表示衷心的感谢。感谢所有编者的辛苦与努力。

　　智能制造技术仍处于不断发展的阶段，编者也在不断学习中。书中难免有疏漏及不妥之处，恳请广大专家和读者不吝指正，以便修订时完善。

编　者
2024 年 4 月

CONTENTS **目录**

第一章　智能制造概述

第一节　智能制造的历史沿革

从广义上来说，智能制造（intelligent manufacturing，IM）是由一系列计算机技术、通信技术、自动控制技术、人工智能技术、可视化技术、数据搜索与分析技术等技术思想、原理、协议、产品与解决方案共同支撑，并与专家智慧、管理流程与经营模式结合形成的制造与服务状态。从狭义上而言，它在制造过程中能进行智能活动，诸如分析、推理、判断、构思和决策等，并通过人与智能机器的合作共事，去扩大、延伸和部分地取代人类专家在制造过程中的脑力劳动，它把制造自动化的概念更新扩展到柔性化、智能化和高度集成化。

一、智能制造的发展背景

智能制造源于人工智能（artificial intelligent，AI）的研究。自 20 世纪 80 年代以来，随着产品功能的多样化、性能的完善化以及结构的复杂化和精密化，产品所包含的设计信息量和工艺信息量猛增，随之而来的是生产线及生产设备内部的信息量增加，制造过程和管理工作的信息量也必然剧增，因而推动制造技术发展的热点与前沿，转向提高制造系统对于爆炸性增长的制造信息处理的能力、效率及规模上。目前，先进的制造设备离开了信息的输入就无法运转，柔性制造系统（flexible manufacturing system，FMS）和计算机集成制造系统（computer integrated manufacturing system，CIMS）的信息来源一旦被切断就会立刻瘫痪。制造系统正在由原先的能量驱动型转变为信息驱动型，这就要求制造系统不但要具备柔性，还要具有智能，否则难以处理如此大量、多样化及复杂化的信息工作量。

当前和未来企业面临的是瞬息多变的市场需求和激烈的国际化竞争环境。社会的需求使产品生产从大批量转向小批量、客户化单件产品的生产。企业想在这样的市场环境中生存，必须从产品的时间、质量、成本、服务和环保等方面提高自身的竞争力，以快速响应市场频繁的变化。为此，企业的制造系统应表现出更高的灵活性和智能性。过去由于人们对制造技术的注意力偏重于制造过程的自动化，导致自动化水平不断提高的同时，产品设计及生产管理效率提高缓慢。生产过程中人们的体力劳动虽然被极大解放，但脑力劳动的自动化程度却很低，各种问题的最终决策或解决，在很大程度上仍依赖于人的智慧；而且随着市场竞争的加剧和信息量的增加，这种依赖程度将越来越大。为此，要求未来制造系统具有信息加工能力，特别是信息的智能加工能力。

从 20 世纪 70 年代开始，发达国家为了追求廉价的劳动力，逐渐将制造业移到了发展中国家，从而引起本国技术力量向其他行业转移；同时发展中国家专业人才又严重短缺，制约了制造业的发展。因此，制造业希望减少对人类智慧的依赖，以解决人才供应的矛盾。智能制造正是为了适应这种情况才得以发展的。当今世界各国的制造业活动趋向全球化，生产制造、经营活动、开发研究等都在向多国化发展。为了有效地进行国际信息交换及世界先进制作技术共享，各国企业都希望以统一的方式来交换信息和数据。因此，必须开发出一个快速有效的信息交换工具，创建并促进一个全球化的公共标准来实现这一目标。先进的计算机技术和制造技术对产品、工艺及系统的设计和管理人员提出了新的挑战，传统的设计和管理方法不能有效地解决现代制造系统中所出现的问题，这就促使我们通过集成传统制造技术、计算机技术与人工智能等技术，发展一种新型的制造模式——智能制造。智能制造正是在上述背景下孕育而生的。可见，智能制造是面向 21 世纪制造技术的重大研究课题，是现代制造技术、计算机科学技术与人工智能等综合发展的必然结果，也是世界制造业今后的发展方向。

二、智能制造的发展历程

智能制造可追溯到早期的计算机集成制造（computer integrated manufacturing），到 20 世纪 80 年代，CIMS（CIM system）演变成具有丰富内容的现代集成制造，并成为制造工业的核心支撑体系之一。CIMS 的集成范围不断扩大，其中的独立系统涵盖计算机辅助设计（computer aided design，CAD）、计算机辅助制造（computer aided manufacturing，CAM）、计算机辅助工程（computer aided engineering，CAE）、计算机辅助工艺设计（computer aided process planning，CAPP）、管理信息系统（management information system，MIS）、决策支持系统（decision support system，DSS）、产品数据与产品周期管理（product data management/product lifecycle management，PDM/PLM）、企业资源计划（enterprise resource planning，ERP）、物资需求计划（material requirement planning，MRP）、制造执行系统（manufacturing execution system，MES）以及分布式数控（distributed numerical control，DNC）等。

1990 年，在丹麦哥本哈根召开的工业机器人国际标准大会上，建立了工业机器人的分类及相关技术标准。随后工业机器人进入实用化阶段并成为 CIMS 的一部分。日本工业机器人产业在 20 世纪 90 年代就已经普及第一类和第二类工业机器人，如今已在发展第三类、第四类工业机器人的道路上取得全球领先的成就。中国的工业机器人起步于 20 世纪 70 年代初，90 年代实用化，在部分机器人关键元器件、操作机的优化设计制造、控制与驱动系统的硬件设计、机器人软件的设计和编程、运动学和轨迹规划技术上，经过长期研发和积累逐步形成自主知识产权，具备弧焊、点焊及大型机器人自动生产线与周边配套设备的开发和制造能力，弧焊、点焊、码垛、装配、搬运、注塑、冲压、喷漆等工业机器人以及外延应用自动导引车（automatic guiding vehicle，AGV）大量装备生产现场。日本在 1989 年提出智能制造系统（intelligent manufacturing system，IMS）概念，于 1994 年启动了先进制造国际合作研究项目，包括企业内系统集成、全球制造知识体系、分布智能系统控制、快速产品实现等多个专题，多个国家，如美国、加拿大、澳大利亚等参加了该项计划。1992 年，美国将智能制造系列技术（含信息技术和新的制造工艺）纳入关键重大技术。加拿大在 1994 年启动了智能计算机、人机界面、机械传感器、机器人控制、新装置、动态环境下系统集成的研究。欧洲联盟（欧盟）的 ESPRIT 项目在 1994 年开始资助包括信息技术和先进制造在内的 39 项核心技术。中国在 20 世纪 80 年代末将"智能模拟"列入国家科技发展规划的主要课题，并在专家系统、模式识别、机器人、汉语机器理解等方面取得了一批成果。同期，国家科技部提出了"工业智能工程"，而智能制造是该项工程中的重要内容。

20 世纪末，随着上述 CIMS、机器人以及人工智能的发展，智能制造已经初步形成体系化思想。IM

已经超越生产自动化范畴，融入人工智能中的自学习机制、专家知识库概念，开始具有自学习功能。通过历史产品制造过程数据积累和企业内同类产品横向数据比较形成进一步的制造智慧。同时，IM 通过搜集并理解生产环境信息和各子系统所采集的信息，在系统预设的变量域与函数域内选择、优化和预测系统行为。专家系统和商业智能（business intelligent，BI）应运而生。BI 作为复杂关联数据的整理、筛选和处理方法为 IM 提供了支撑。专家系统和商业智能服务随着业务系统集成和系统持续运行所积累的大量、多样、关联复杂的数据关系以及不确定性环境下的决策优化。专家系统开始用于工程设计、工艺过程设计、生产调度和故障诊断等。神经网络和模糊控制开始应用于产品配方与生产调度。1996 年加特纳集团（Gartner Group）描述了商业智能的一系列概念和方法，核心过程即抽取、转换、加载，贯穿于数据仓库的建立、联机分析处理（on‑line analytical processing，OLAP）、数据挖掘、数据备份和数据恢复等过程。

　　智能制造发展成一种由自动化控制的机器、人类专家和智慧算法共同组成的人机一体化智能系统，并在企业内部生产过程中得到应用的同时，企业与企业之间的合作需求开始显现。企业上下游产业链的信息合作是应对市场快速变化的本能需要，于是敏捷制造和柔性制造为满足上述需要而产生。美国国防部在 1994 年开始支持敏捷制造的研究，敏捷制造最初始于 1991 年，由通用汽车、波音、IBM、德小仪器、AT&T、摩托罗拉等 15 家当时的国际企业巨头和国防部的专家组成了核心研究队伍。"柔性"是相对于传统的"刚性"生产线而言的。虽然 20 世纪 60 年代威廉森就提出"柔性制造"的概念，但直到由日本 1991 年开始实施的"智能制造系统"国际性开发项目发展而来的第二代 FMS，才开始发挥实践效果。

　　在国内外技术思想和体系的带动下，从 1988 年开始，我国支持 CIMS 示范专项先后在 200 多家企业成功实施，行业覆盖机械、电子、航空、航天、仪器仪表、石油、化工、轻工、纺织、冶金、兵器等主要制造业，支持上千种新产品开发、改型设计。中国通过 CIMS 示范系统推进了国内企业界对新技术的应用，产生了良好的效果。2002 年中国首次提出"两化融合"，即"以信息化带动工业化，以工业化促进信息化"，2007 年国家进一步倡导"发展现代产业体系，大力推进信息化与工业化融合"，"两化融合"的概念就此成熟。"两化融合"包括技术融合、产品融合、业务融合、产业融合四个方面。这些年来，两化融合在企业层、区域层、行业层推进了中国制造业的技术变革和优化升级。

　　21 世纪以来涌现出的新兴信息技术极大影响了智能制造体系子系统的演进以及子系统之间的集成；企业智能制造系统之间的连接与互动方式、企业间生态系统的模式；企业与产品用户之间的交互、制造环节与产品运营环节之间的关系；制造全环节间的信息交换、制造全环节参与者之间的工作协作模式。物联网、云计算及服务、大数据、移动互联网对智能制造体系融合的影响尤为突出。

　　随着自动控制、人工智能、通信、数据处理、管理模式等的进步与升级，以及近几年来无线通信手段多样化和宽带化的选择、终端设备便携化，尤其是在更有效的制造协同需求及更好的用户体验需求的激励下，推进了美国的再工业化战略、工业互联网和德国工业 4.0，造就了智能制造当前最前沿的思想和技术体系。2015 年 5 月 19 日，中国政府发布由中国工业与信息化部主导编写的《中国制造 2025》，这是应对全球智能制造新一轮变革而推出的最新中国制造的战略性纲领。

　　与此相对应的是，国内制造业智能制造的实践依然集中在企业内部子系统的集成，以实现"智慧工厂"的目标。系统集成正从点状向线状发展。内部工厂的生产智能和制造化进程优先于产业链上下游集成和服务链集成。社会化协作主要发生在强耦合的集团成员内部，虚拟企业的动态配置实践案例还未出现。国内的现实情况是，大型企业集团的制造资源分布地域广泛，如船舶制造全产业链，从设计、配套到总装分布在中国 20 多个省区，以船舶制造为代表的我国传统装备制造产能严重过剩。自 2013 年 8 月

《船舶工业加快结构调整促进转型升级实施方案（2013—2015 年）》实施以来，船舶制造转变模式提出高效、低成本、高附加值的要求，广泛分布的过剩产能的消化需求是社会化协作和动态适配面向创新产品市场的推动力。

无论是美国国家制造业创新网络（National Network for Manufacturing Innovation，NNMI）计划、工业互联网，还是德国的"工业 4.0"以及"中国制造 2025"，都是对制造业面临问题所做出的反应。在当前全球化趋势下，制造业在产品、企业、联盟和国家竞争层面都面临各级别相应的竞争，智能制造成为产业向全球价值链高端跃升的跳板，越来越受到业界的重视，各国政府均将此列入国家发展计划，大力推动实施。

由此可见，智能制造是面向 21 世纪制造技术的重大研究课题，是现代制造技术、计算机科学技术与人工智能等综合发展的必然结果，也是世界制造业今后的发展方向。

三、智能制造领域相关概念之间的区别与联系

（一）智能制造与两化融合

"两化融合"是指工业化与信息化的深度融合，这一概念的提出是为了通过信息化带动工业化、以工业化促进信息化，进而促进制造企业走新型工业化道路。"两化融合"是中国制造业转型的必由之路，而智能制造是实现两化融合的核心途径，是推进两化融合的重要抓手。

（二）智能制造与工业互联网

工业互联网是新一代信息通信技术与工业经济深度融合的新型基础设施、应用模式和工业生态，通过对人、机、物、系统等的全面连接，构建起覆盖全产业链、全价值链的全新制造和服务体系，为工业乃至产业数字化、网络化、智能化发展提供了实现途径，是第四次工业革命的重要基石。工业互联网与智能制造密切相关，是实现智能制造的关键基础设施和使能技术之一，也是智能制造实现应有价值、让企业真正从中获益的必要条件（图 1 – 1）。

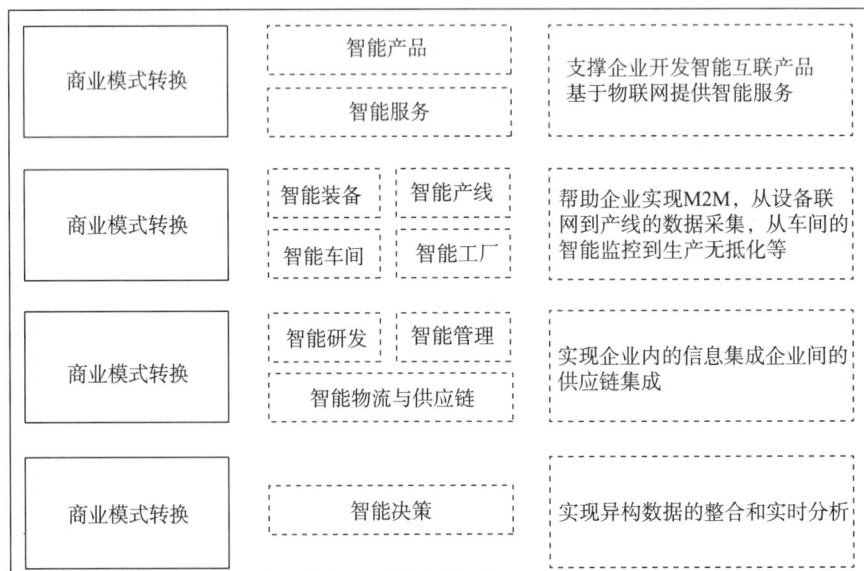

图 1 – 1　工业互联网是智能制造的关键基础设施之一

（三）智能制造与人工智能、工业大数据

1. 人工智能　是智能学科重要的组成部分，它企图了解智能的实质，并生产出一种新的能以人类智能相似的方式做出反应的智能机器。人工智能是十分广泛的科学，包括机器人、语言识别、图像识别、自然语言处理、专家系统、机器学习、计算机视觉等。

2. 工业大数据　是指在工业领域信息化应用中所产生的数据，是工业互联网的核心，是工业智能化发展的关键。工业大数据是基于网络互联和大数据技术，贯穿工业设计、工艺、生产、管理、服务等各个环节，使工业系统具备描述、诊断、预测、决策、控制等智能化功能的模式和结果。

人工智能与工业大数据是支撑智能制造的重要使能技术。大数据驱动知识学习，与人工智能技术的融合，实现从数据到知识、从知识到决策。智能制造有赖于人工智能技术、工业大数据与制造技术融合，实现自主控制和流程优化。

（四）智能制造与数字化转型

数字化转型（digital transformation）是企业真正实现将模拟信息转化为数字信息（如将手工填写的单据自动识别转为数字信息）的过程。制造企业推进数字化转型是实现智能制造的基础和必要条件。事实上，对于智能制造应用的各个范畴，数字化技术都提供了重要的支撑，具体如下。

1. 智能产品　CPS、高级驾驶辅助系统（advanced driver assistance system，ADAS）、产品性能仿真。

2. 智能服务　数字孪生、状态监控、物联网、虚拟现实与增强现实。

3. 智能装备　CAM 系统、增材制造及其支撑软件。

4. 智能产线　FMS 的控制软件系统、协作机器人的管控系统。

5. 智能车间　SCADA、车间联网、MES、APS。

6. 智能工厂　视觉检测、设备健康管理、工艺仿真、物流仿真。

7. 智能研发　CAD、CAE、EDA、PLM、嵌入式软件、设计成本管理、可制造性分析、拓扑优化。

8. 智能管理　ERP、CRM、EAM、SRM、主数据管理系统（master data management，MDM）、质量管理、企业门户。

9. 智能物流与供应链　AGV、同步定位与建图（simultaneous localization and mapping，SLAM）、自动化立库、WMS、TMS、电子标签摘取式拣货系统（DPS）。

10. 智能决策　BI、工业大数据、企业绩效管理、移动应用。

（五）智能制造与精益生产

精益生产是在工业实践中总结出来的实现持续改善的思想，是对系统结构、人员组织、运行方式和市场供求等方面做出的变革，使生产系统能很快适应不断变化的用户需求，并能使生产过程中一切无用、多余的东西被精简，最终达到包括市场供销在内的各方面最好的结果。

在制造业转型升级的浪潮中，精益生产与智能制造缺一不可、相得益彰。通过数字化、自动化和智能化技术的应用，精益生产将取得更大的实效。

实现中国制造业转型，推进"两化融合"，智能制造是核心。数字化转型是实现智能制造的基础，工业互联网是支撑智能制造的基础设施。同时，在推进智能制造的过程中，还要采用工业大数据、人工智能以及各种工业软件等诸多使能技术。图 1-2 是智能制造领域相关技术之间的关系。

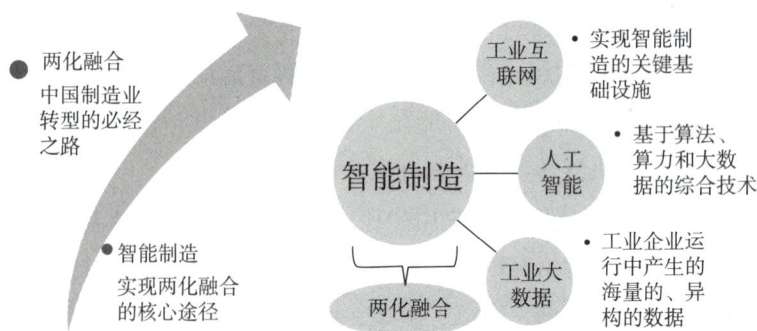

图 1-2　智能制造领域相关技术之间的关系

第二节　智能制造的本质与内涵

一、智能制造的本质

从本质上看，智能制造是智能技术与制造技术的深度融合。从发展脉络上看，传统制造基于互联网信息技术、物联网技术等实现数字化，而这些技术的进一步发展便是智能技术。传统的制造技术在智能技术的引导下，向更加成熟和更加高效的方向进步，再基于智能制造关键技术赋能，实现制造工厂的智能化。智能制造包含智能制造技术（intelligent manufacturing technology，IMT）和智能制造系统（IMS）。智能制造包括三个应用层面：设备、车间、企业。这些都离不开大数据交融与共享，而未来的重点更是集中在基于大数据的智能制造应用方面。

1. 智能制造技术　是指利用计算机，综合应用人工智能技术（如人工神经网络、遗传算法等）、智能制造机器、代理（agent）技术、材料技术、现代管理技术、制造技术、信息技术、自动化技术、并行工程、生命科学和系统工程理论与方法，在国际标准化和互换性的基础上，使整个企业制造系统中的各个子系统分别智能化，并升级成网络集成、高度自动化的制造系统，该系统利用计算机模拟制造专家的分析、判断、推理、构思和决策等智能活动，并将这些智能活动与智能机器有机地融合起来，将其贯穿应用于整个制造企业的各个子系统（如经营决策、采购、产品设计、生产计划、制造、装配、质量保证和市场销售等），以实现整个制造企业经营运作的高度柔性化和集成化，从而取代或延伸制造环境中专家的部分脑力劳动，并对制造业专家的智能信息进行收集、存储、完善、共享、继承和发展的一种极大地提高生产效率的先进制造技术。

2. 智能制造系统（IMS）　是智能技术集成应用的环境，也是智能制造模式展现的载体。IMS理念建立在自组织、分布自治和社会生态学机制上，目的是通过设备柔性和计算机人工智能控制，自动地完成设计、加工、控制管理过程，旨在提高适应高度变化的环境制造的有效性。智能制造是一个新型制造系统。由于智能制造模式突出了知识在制造活动中的价值地位，而知识经济又是继工业经济后的主体经济形式，所以智能制造就成为影响未来经济发展过程的制造业的重要生产模式。总体而言，网络化是基础，数字化是手段，智慧化则是目标。

（1）数字化　重点在于从单点数字化模型表达向全局、全生命周期模型化表达及传递体系进行转变，实现数字量体系的表达和传递。

（2）网络化　打通设计工艺，并向系统工程、并行工程、模块化支撑下的产品全生命周期、生产全生命周期一体化和价值链广域协同模式进行转变。

（3）智能化 从信息世界模式向信息和物理世界融合下的管理与工程高度融合的模式进行转变。

（4）智慧化 就是从过去的经验决策向大数据支撑下的智慧化研发和管理模式进行转变。

二、智能制造的内涵

智能制造中的"制造"指的是广义的制造，智能制造并不仅仅包括生产制造环节的智能化，而是包括制造业价值链各个环节的智能化，即涵盖从研发设计、生产制造、物流配送到销售与服务整个价值链。图 1 - 3 是 e - works 对智能制造的理解。

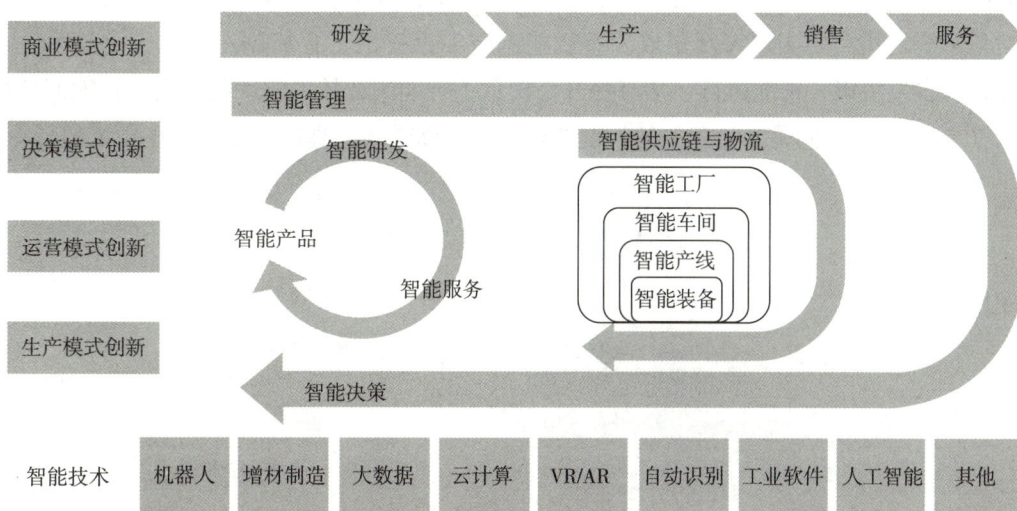

图 1 - 3　e - works 对智能制造的理解

从技术层面来理解，智能制造融合了信息技术、先进制造技术、工业自动化技术、智能化技术以及先进的企业管理理念，具体包括物联网、增材制造、云计算、移动应用、虚拟现实与增强现实、工业软件、自动控制、自动识别、工业大数据、信息安全、工业标准等关键技术，这些支撑技术是制造业转型升级的有力推手。

从实施层面来理解，智能制造包括：利用以上支撑技术开发智能产品；应用智能装备，自底向上建立智能产线，构建智能车间，打造智能工厂；践行智能研发，提升研发质量与效率；打造智能供应链与物流体系；开展智能管理，实现业务流程集成；推进智能服务，实现服务增值；最终实现智能决策，帮助企业应对市场的快速波动。智能制造的实施内容涵盖产品、装备、产线、车间、工厂、研发、供应链、管理、服务与决策等方面。

从创新效果层面来看，智能制造基于新一代信息通信技术，给传统的管理理念、生产方式、商业模式等带来了革命性、颠覆性的影响。例如，智能产品与智能服务，可以为企业带来商业模式的创新；智能装备、智能产线、智能车间、智能工厂，帮助企业实现生产模式的创新；智能研发、智能管理、智能供应链与物流，可以促进企业运营模式的创新；而智能决策则可以辅助企业实现科学决策。

1. 数字化制造（digital manufacturing，DM） 这是一种软件技术，指的是通过仿真软件对产品的加工装备与过程，以及对车间的设备布局、物流、人机工程等进行仿真，目前主流的 DM 软件包括西门子的 Tecnomatix、达索系统的 DELMIA、欧特克的 Revit、海克斯康旗下的 Intergraph 等。在 CIMdata 对产品生命周期管理（product lifecycle management，PLM）的定义中，DM 属于其中一个领域。

2. 数字化工厂（digital factory）   指的是产品研发、工艺、制造、质量和内部物流等与产品制造价值链相关的各个环节，都基于数字化软件和自动化系统的支撑，能够实现实时的数据采集和分析。西门子采用这个概念较多，西门子数字工业软件专门提供相关的产品和解决方案。西门子成都电子工厂也被称为数字化工厂，该工厂已经广泛应用无线射频识别（RFID）技术、机器视觉，实现了工控产品的混流生产。数字化工厂的一个重要标志，是需要制造执行系统（manufacturing execution system，MES）、仓储管理系统（warehouse management system，WMS）的支撑。

3. 智能工厂（smart factory）   相对于数字化工厂而言，智能工厂主要强调生产数据、计量数据、质量数据的采集的自动化，不需要人工录入信息，能够实现对采集数据的实时分析，实现 PDCA 循环。

实现智能制造的核心是数据和集成，一方面，基础数据需要准确；另一方面，信息系统之间、信息系统与自动化系统之间需要实现深度集成。有智能制造专家提出了智能制造的二十字箴言——状态感知、实时分析、自主决策、精准执行、学习提升，揭示了智能制造技术的发展方向。智能制造的十大核心应用领域（图1-4）之间是息息相关的，制造企业应当渐进式、理性地推进这些领域的创新实践。

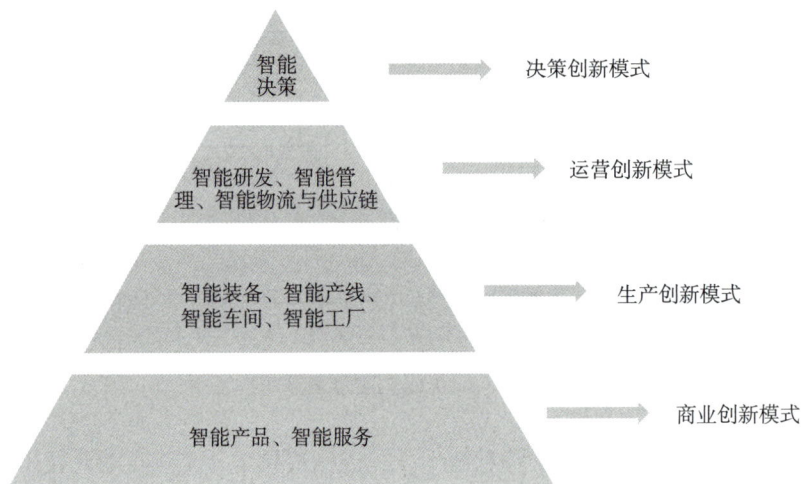

图1-4   智能制造的十大核心应用领域

三、智能制造的特征

和传统的制造相比，智能制造集自动化、柔性化、集成化和智能化于一身，具有实时感知、优化决策、动态执行三个方面的优点。具体来说，智能制造具有以下鲜明特征。

1. 自组织和超柔性   智能制造中的各组成单元能够根据工作任务需要，快速、可靠地组建新系统，集结成一种超柔性最佳结构，并按照最优方式运行。同时，对于快速变化的市场和变化的制造要求，有很强的适应性，其柔性不仅表现在运行方式上，也表现在结构组成上，所以称这种柔性为超柔性，如同一群人类专家组成的群体，具有生物特征。例如，在当前任务完成后，该结构将自行解散，以便在下一任务中能够组成新的结构。

2. 自律能力   智能制造具有搜集与理解环境信息和自身信息，并进行分析判断和规划自身行为的能力。智能制造系统能监测周围环境和自身作业状况并进行信息处理，根据处理结果自行调整控制策略，以采用最佳运行方案，从而使整个制造系统具备抗干扰、自适应和容错纠错等能力。强有力的知识库和基于知识的模型是自律能力的基础。具有自律能力的设备称为"智能机器"，其在一定程度上表现出独立性、自主性和个性，甚至相互间还能协调运作与竞争。

3. 自我学习与自我维护 智能制造系统以原有的专家知识库为基础，能够在实践中不断地充实、完善知识库，并剔除其中不适用的知识，对知识库进行升级和优化，具有自学习功能。同时，在运行过程中能自行诊断故障，并具备对故障自行排除、自行维护的能力。这种特征使智能制造系统能够自我优化并适应各种复杂的环境。

4. 人机一体化 智能制造不单纯是"人工智能"系统，而是一种人机一体化的智能系统，是一种"混合"智能。从人工智能发展现状来看，基于人工智能的智能机器只能进行机械式的推理、预测、判断，它只具有逻辑思维（专家系统），最多做到形象思维（神经网络），完全做不到灵感（顿悟）思维，只有人类专家才真正同时具备以上三种思维能力。因此，现阶段想以人工智能全面取代制造过程中人类专家的智能，独立承担起分析、判断、决策等任务是不现实的。但人机一体化突出人在制造系统中的核心地位，同时在智能机器的配合下，能更好地发挥出人的潜能，使人机之间表现出一种平等共事、相互"理解"、相互协作的关系，使二者在不同的层次上各显其能，相辅相成。因此，在智能制造系统中，高素质、高智能的人将发挥更好的作用，机器智能和人的智能将真正地集成在一起，互相配合，相得益彰。

5. 网络集成 智能制造系统在强调各个子系统智能化的同时，更注重整个制造系统的网络化集成，这是智能制造系统与传统面向制造过程中特定应用的"智能化孤岛"的根本区别。这种网络集成包括两个层面。

（1）企业智能生产系统的纵向整合以及网络化 网络化的生产系统利用信息物理系统（CPS）实现工厂对订单需求、库存水平变化以及突发故障的迅速反应，生产资源和产品由网络连接，原料和部件可以在任何时候被送往任何需要它的地点，生产流程中的每个环节都被记录，每个差错也会被系统自动记录，这有利于帮助工厂更快速有效地处理订单的变化、质量的波动、设备停机等事故，工厂的浪费将大大减少。

（2）价值链横向整合 与生产系统网络化相似，全球或本地的价值链网络通过 CPS 相连接，囊括物流、仓储、生产市场营销及销售，甚至下游服务。任何产品的历史数据和轨迹都有据可查，仿佛产品拥有了"记忆"功能。这便形成一个透明的价值链——从采购到生产再到销售，或从供应商到企业再到客户。客户定制不仅可以在生产阶段实现，还可以在开发、订单、计划、组装和配送环节实现。

6. 虚拟现实 虚拟现实技术（virtual reality）是以计算机为基础，融合信号处理、动画技术、智能推理、预测、仿真和多媒体技术为一体，借助各种音像和传感装置，虚拟展示现实生活中的各种过程、物件等，实现高水平人机一体化的关键技术之一。基于虚拟现实技术的人机结合新一代智能界面，可以用虚拟手段智能地表现现实，能拟实制造过程和未来的产品，它是智能制造的一个显著特征。

四、智能制造的关键环节

先进制造技术的加速融合使得制造业的设计、生产、管理、服务各个环节日趋智能化，智能制造正在引领制造企业全流程的价值最大化。归纳国内外学者的研究成果，智能制造的关键环节主要包含智能设计、智能产品、智能装备、智能生产、智能管理和智能服务等。

1. 智能设计 指应用智能化的设计手段及先进的设计信息化系统（CAX、网络化协同设计、设计知识库等），支持企业产品研发设计过程中各个环节的智能化提升和优化运行。例如，实践中，建模与仿真已广泛应用于产品设计，新产品进入市场的时间实现大幅压缩。

2. 智能产品 在智能产品领域，互联网技术、人工智能、数字化技术嵌入传统产品设计，使产品逐步成为互联网化的智能终端，比如将传感器、存储器、传输器、处理器等设备装入产品当中，使生产出的产品具有动态存储、通信与分析能力，从而使产品具有可追溯、可追踪、可定位的特性，同时还能广泛采集消费者个体对创新产品设计的个性化需求，令智能产品更加具有市场活力。特斯拉被誉为"汽车界的苹果"，它的成功不仅缘于电池技术的突破，还因为其具有全新的人机交互方式，通过互联网终端把汽车做成了一个包含硬件、软件、内容和服务的大型可移动智能终端。

3. 智能装备   智能制造模式下的工业生产装备需要与信息技术和人工智能等技术进行集成与融合，从而使传统生产装备具有感知、学习、分析与执行能力。生产企业在装备智能化转型过程中，可以从单机智能化，或者单机装备互联形成智能生产线或智能车间两方面着手。但是值得注意的是，单纯地将生产装备智能化还不能算真正意义上的装备智能化，只有将市场和消费者需求融入装备升级改造中，才算得上真正实现全产业链装备智能化。

4. 智能生产   在传统工业时代，产品的价值与价格完全由生产厂商主导，厂家生产什么消费者就只能购买什么，生产的主动权完全由厂家掌控。而在智能制造时代，产品的生产方式不再是生产驱动，而是用户驱动，即生产智能化可以完全满足消费者的个性化定制需求，产品价值与定价不再是企业一家独大，而是由消费者需求决定。在实践中，生产企业可以将智能化的软硬件技术、控制系统及信息化系统（分布式控制系统、分布式数控系统、柔性制造系统、制造执行系统等）应用到生产过程中，按照市场和客户的需求优化运行生产过程，这是智能制造的核心。

5. 智能管理   随着大数据、云计算等互联网技术、移动通信技术以及智能设备的成熟，管理智能化也成为可能。在整个智能制造系统中，企业管理者使用物联网、互联网等实现智能生产的横向集成，再利用移动通信技术与智能设备实现整个智能生产价值链的数字化集成，从而形成完整的智能管理系统。此外，生产企业使用大数据或者云计算等技术，可以提高企业搜集数据的准确性与及时性，使智能管理更加高效与科学。企业智能管理领域不仅包括产品研发和设计管理、生产管理、库存/采购/销售管理等制造核心环节，还包含服务管理、财务/人力资源管理、知识管理、产品全生命周期管理等。

6. 智能服务   作为智能制造系统的末端组成部分，起着连接消费者与生产企业的作用，服务智能化最终体现在线上与线下的融合O2O服务，即一方面生产企业通过智能化生产不断拓展其业务范围与市场响力；另一方面生产企业通过互联网技术、移动通信技术，将消费者连接到企业生产当中，通过消费者的不断反馈与所提意见，提升产品服务质量、提高客户体验度。具体来说，制造服务包含产品服务和生产性服务，前者指对产品售前、售中及售后的安装调试、维护、维修、回收、再制造、客户关系的服务，强调产品与服务相融合；后者指与企业生产相关的技术服务、信息服务、物流服务、管理咨询、商务服务、金融保险服务、人力资源与人才培训服务等，为企业非核心业务提供外包服务。智能服务强调知识性、系统性和集成性，强调以人为本的精神，为客户提供主动、在线、全球化服务，它采用智能技术提高服务状态/环境感知、服务规划/决策/控制水平，提升服务质量，扩展服务内容，促进现代制造服务业这一新业态不断发展和壮大。

第三节   智能制造面临的挑战与发展趋势

一、智能制造面临的挑战

1. 异构异质系统的融合   智能制造系统利用信息物理系统纵向实现智能生产系统的整合和网络化，横向实现价值链的整合与网络化。现在面临的问题是，传统的工业自动化系统中不同的技术发展相对割裂。尽管一些既定的标准已经在各种技术学科、专业协会和工作组中使用，但是缺乏对这些标准的协调。目前，不同工业网络之间、设备之间存在严重的异构异质问题需要解决。异构性是指不同类型的网络技术（如 Internet、WSN 等）高质量互联互通的问题。异质性是指不同公司生产的、不同功能的硬件不兼容设备，在彼此没有差异的情况下进行互联互通的问题。这要求从传感器、数据卡开始，从数据采集点，到整个网络、云平台、数据中心、全连接，需要统一的架构以及标准化的接口。这需要一套新的国际技术标准，以实现大范围嵌入式设备之间的互联以及向虚拟世界互联。通过网络间的融合与协同，对异构网络分离的、局部的优势能力与资源进行有序整合，最终实现无处不在、无所不能的一种智能网络。在异构的网络中，每一个通信节点都具备自路由的功能，形成一个自组织、自管理、自修复、自我平衡的智能网络。各个设备因为异构异质的融合可以进行良好的通信交流，在不同的网络共存的情况下，还可以整合与优化资源配置，利用性能更好的网络进行通信，实现更高效的资源利用。

要解决这个问题，单靠哪家企业都不现实，需要积极推进智能制造的各国政府、跨国界的产业技术创新组织、跨国公司以及广泛的中小企业共同参与，将现有标准（如工业通信、工程、建模、IT 安全、设备集成、数字化工厂等领域标准）纳入一个新的全球参考体系是实现智能制造的基础。这项工作具有高度的复杂性，是智能制造发展面临的一大挑战。

2. 复杂大系统管理　在现代管理中，我们一般可通过模型模拟来解决一些非常广泛的真实的或假想的管理问题，例如产品、制造资源或整个制造系统，如人类与智能系统的互动，又如不同企业和组织之间业务流程等管理方面的问题。

在智能制造时代，基于模型模拟使用标准的方式来配置和优化制造工艺，对于企业是一个重大挑战。主要原因在于智能制造系统变得越来越复杂，由于功能增加、产品用户特定需求增加、交付要求频繁变化、不同技术学科和组织日益融合，以及不同公司之间合作形式变化迅速，很难开发一套稳定且具有极强适应性的管理模型。另外，开发新的管理系统模型的成本与收益问题也是一大难题。智能制造系统在建立初期阶段就需要建立明确的管理模型，这一阶段需要较高的资金支出。在高产量行业（如汽车行业）或有严格安全标准的行业（如航空电子行业），公司更有可能接受较高的初期投入。如果它们只是小批量生产或个性化产品定制，则不太可能这样做。

3. 高质量、高容量网络基础设施　智能制造需要更高容量、更高质量的数据交换网络技术和基础设施，以保证智能制造所需的延迟时间、可靠性、服务质量和通用带宽。工业企业的信息化水平越来越高，信息数据量也越来越多，各种设备仪器产生的海量数据对信息处理的要求也提高了。高运行可靠性、数据链路可用性、保证延迟时间和稳定的连接成为智能制造的关键，因为它们直接影响应用程序的性能。

高质量、高容量网络技术开发和基础设施建设是智能制造面临的又一个挑战。这一挑战主要表现在以下几个方面：①工业领域宽带的基础架构过去并不是面向大数据的，大量机器与机器、设备与设备之间等数据的收集、传输、交互等，对工业领域宽带基础架构提出了更大的挑战；②要实现端到端的全生命周期基于数据来驱动，需要更大范围、更大维度的信息交流，异构异质网络的信息交流是一大挑战；③网络的复杂性和成本控制的挑战，智能制造网络不仅需要高速、带宽、简单、可扩展、安全，还需要便宜，不明显增加现有制造产品和服务的成本。这个网络需要绑定可靠的 SLA（服务水平协议）；通信容量的可用性和性能高；支持数据链路调试、跟踪，尤其是提供相关的技术援助；提供广泛可用、有保证的通信容量（固定、可靠的带宽）；广泛使用的嵌入式 SIM 卡；所有移动网络运营商之间的短信传递状态通知；标准化的应用程序编程接口（API）的配置，涵盖所有供应商（SIM 卡激活、停用）；移动服务合约的成本控制；负担得起的数据全球漫游通信费用等。

4. 系统安全　智能制造系统涉及高度网络化系统结构，将大量的有关人、IT 系统、自动化元件和机器的信息纳入其中。更多的参与者涉入整个价值链。广泛的网络和潜在的第三方访问至少意味着一系列全新的安全问题呈现在智能制造系统中。因此，在智能制造中，必须考虑到信息安全措施（加密程序或认证程序）对生产安全的影响（时间关键功能、资源可用性）。智能制造安全性的挑战主要表现在两个方面：①现有的工厂将升级网络安保技术和措施，以应对新的安全要求的挑战。但是，通常企业的机械装备寿命较长，原有的很多设备并不具备可靠的网络连接功能，升级改造非常困难。同时，由于企业内部生产系统与外部的在某些情况下很难联网的陈旧基础设施等因素的影响，保障安全性也很困难。②要为新的工厂和机器制定解决方案的挑战。企业界目前缺乏完全标准化的操作平台来实施足够的安保解决方案。满足信息物理系统安全的技术和标准化平台开发本身也充满挑战。

5. 法律方面

（1）数据的权属问题　智能制造是数据驱动的制造。在智能制造时代，每一个工厂都应有一套智能系统。首先，它能够通过传感器对机器运作数据进行采集，并加以分析，从而实时了解工厂的运作情况；其次，能够通过执行器对机器运作进行控制；再次，能对消费者行为数据进行分析，对产品从设计到销售的全生命周期进行最优化的管理。因此，智能制造很大程度上依赖于数据的处理和加工，以数据链为基础，采用更自动化的生产设备、更灵活的流程管理，让工厂能够基于市场预测，快速地装配调度、智能地生产，从而以最快的速度匹配消费者需求，并在全社会范围内优化资源配置。海量数据在智能制造时代具有前所未有的商业价值。自动化时代的工业数据主要是在厂商的自动化生产和配送系统内部进行流转，因此制造商毋庸置疑地享有其所有权。但是在智能制造时代，制造系统、顾客的需求等海量数据将在一个更加广阔的工业互联网中流转，网络的参与者也更加多元化，能够利用这些数据谋利的主体也更加多元化。目前法律只对有形资产和专利保护有明确的界定，如果不从法律上解决数据的权属问题，并建立起适合智能制造发展需求的法律框架，使企业投资和开发数据、共享数据能够获得满意的回报，企业投资智能制造的积极性就会大打折扣，智能制造的发展可能会被大大延迟。

（2）法律监管问题　智能制造系统在制造过程中能进行智能活动，诸如分析、推理、判断、构思和决策等，随着人工智能技术的不断发展，这种智能制造系统可能拥有越来越高的"自治"能力，并逐渐演化成"自治系统"。与此同时，自治系统带来的损害和伤害责任的法律问题也随之增长。在智能制造时代，很多相关的法律责任都需要重新界定。

自动驾驶汽车是一个典型的"自治系统"，它面临的事故责任和法律监管问题是智能制造时代的典型案例。按照目前大多数相关的车辆法规，自动驾驶汽车这种"自治系统"是不能上路行驶的。这种挑战其实是自治系统使用的合法性问题，也是关系到未来越来越多的具有"自治"能力的智能制造系统是否能够大规模使用和推广的关键。这一挑战的另外一个方面，是自治系统的法律责任界定问题。例如，现在的道路交通法规一般都规定，驾驶者对所驾驶的车辆造成的事故负有直接责任。但如果是自动驾驶的汽车，交通事故发生的责任界定将变得复杂。因为事故的原因可能是自动驾驶系统的问题，也可能是驾驶者违规操作的问题。这使得责任的牵扯方将不再只包括驾驶者，还可能包括自动驾驶车的制造方、驾驶系统软件提供商等。法律并不是仅仅规定自动驾驶汽车能否上路那么简单，而是一整套条例和法令，决定了人们遭遇具体情境时会发生什么。对于自动驾驶系统来说，这些规则中的大部分尚未出现。假如法律规定驾驶者应该承担更多的责任，就有可能极大地影响智能汽车的销售。如果法律规定更多地要求制造商承担责任，也会影响厂商开发自动驾驶汽车和推动其上市的积极性。

自动驾驶汽车只是诸多"智能系统"中的一种，在"智能制造"时代，如何更好地监管数量庞大、种类繁多的"自治"系统，将是全球法律系统面临的一个更为巨大的挑战。

二、智能制造的发展趋势

1. 理论基础与技术加速发展　智能制造的基础性标准化体系对于智能制造而言起到根基的作用，表明本轮智能制造是从本质上对于传统制造方式的重新架构与升级。在市场和各国政府的大力推动下，行业统一标准与规范正在加速形成，具体来讲，标准化流程再造使得工业智能制造的大规模应用推广得以实现，特别是关键智能部件、装备和系统的规格统一，产品、生产过程、管理、服务等流程统一，将大大促进智能制造总体水平提升。与此同时，关键智能基础共性技术、核心智能装置与部件、工业领域信息安全技术等的研发与应用也都在提速。

2. 以3D打印为代表的"数字化"制造将改变传统制造业形态　"数字化"制造以计算机设计方案为蓝本，以特制粉末或液态金属等先进材料为原料，以3D打印机为工具，通过在产品层级中添加材料直接把所需产品精确打印出来。这一技术将改变产品的设计、销售和交付用户的方式，使大规模定制和简单的设计成为可能，可以使制造业实现随时、随地、按不同需要进行生产，并彻底改变自"福特时代"以来的传统制造业形态。3D打印技术呈现三个方面的发展趋势：①打印速度和效率将不断提升，随着开拓并行、多材料制造工艺方法的采用，打印速度和效率有望获得更大提升；②将开发出多样化的3D打印材料，如智能材料、纳米材料、新型聚合材料、合成生物材料等；③ 3D打印机价格大幅下降，一些较小规模的3D打印机制造商已经开始推出1000美元左右的3D打印机。随着技术进步及推广应用，3D打印机的价格有望大幅下降。

信息网络技术给传统制造业带来颠覆性、革命性的影响，制造业互联网化、数字化正成为一种大趋势。信息网络技术能够实现实时感知、采集、监控生产过程中产生的大量数据，促进生产过程的无缝衔接和企业间的协同制造，实现生产系统的智能分析和决策优化，使智能制造、网络制造、柔性制造成为生产方式变革的方向。比如西方发达国家在智能制造实践时，其核心是智能生产技术和智能生产模式，旨在通过"物联网"将产品、机器、资源和人有机联系在一起，推动各环节数据共享，实现产品全生命周期和全制造流程的数字化。

3. 以工业机器人为代表的智能制造装备在生产过程中应用日趋广泛　可以预测，随着工业物联网、工业云等一大批新的生产理念产生和应用，智能制造呈现出系统性推进的整体特征，特别是物联网技术带来的"机器换人"的现代制造方式，将逐步颠覆人工制造、半机械化制造与纯机械化制造等现有的制造方式。

近年来，工业机器人的应用领域不断拓宽，种类更加繁多，功能越来越强，自动化和智能化水平显著提高，汽车、电子电器、工程机械等行业已大量使用工业机器人自动化生产线，工业机器人自动化生产线成套装备已成为自动化装备的主流及未来的发展方向。

4. 全球供应链管理创新加速　网络化异地协同生产将催生全球制造资源的智能化配置，生产的本地性概念不断被弱化，信息网络技术能使不同环节的企业间实现信息共享，能够在全球范围内迅速发现和动态调整合作对象，整合企业间的优势资源，在研发、制造、物流等各产业链环节实现全球分散化生产，使得全球范围的供应链管理更具效率。此外，大规模定制生产模式的兴起也催生了如众包设计、个性化定制等新模式，这从需求端推动了生产性企业采用网络信息技术集成度更高的智能制造方式。

5. 智能服务业模式加速形成　先进制造企业通过嵌入式软件、无线连接和在线服务的启用整合成新的智能服务业模式，制造业与服务业两个部门之间的界限日益模糊，融合越来越深入。消费者正在要求获得产品"体验"，而非仅仅是一个产品，服务供应商如亚马逊公司已进入制造业领域。

第四节　全球智能制造动向及前沿应用

进入 21 世纪，互联网、新能源、新材料等领域的技术融合形成一个巨大的产业能力和市场，将使整个工业生产体系跃升到一个新的水平，有力地推动着一场新的工业革命。信息技术、新能源、新材料、生物技术等重要领域和前沿方向的革命性突破和交叉融合，正在引发新一轮产业变革，将对全球制造业产生颠覆性的影响，并改变全球制造业的发展格局。

为应对这一重大变革，抢占智能制造的最高峰，世界各发达国家都在抢先布局智能制造，纷纷提出各自的发展战略和扶持政策。

一、全球智能制造动向

（一）美国

美国是智能制造思想的发源地，从 20 世纪 80 年代开始，美国率先提出智能制造的概念。国际金融危机后为促进制造业复兴，美国从国家层面就智能制造做出了系列战略部署，发布了"先进制造伙伴计划"（advanced manufacturing partnership，AMP）"先进制造业国家战略计划""国家制造业创新网络""制造 USA"等战略计划。一些机构也积极进行智能制造技术协同研发和应用推广，如美国国家标准与技术研究院承担"智能制造系统模型方法论""智能制造系统设计与分析""智能制造系统互操作"等重大科研项目工程。由美国通用电气公司发起，AT&T、思科、通用电气、IBM 和英特尔成立的"工业互联网联盟"，提出要将互联网等技术融合在工业的设计、研发、制造、营销、服务等各个阶段中。

美国一系列战略都强调加强政产学的智能制造创新网络，从国家层面提出加快制造业创新步伐，政府投资重点在先进材料、生产技术平台、先进制造工具与数据基础设施等和先进制造、智能制造相关的领域。目前在智能制造创新体系、智能制造产业体系、智能制造产业化应用领域、制造企业调整业务发展战略等方面都取得了一定成效。其人工智能、控制论、物联网等智能技术长期处于全球主导地位，智能产品研发方面也一直走在全球前列，从早期的数控机床、集成电路、PLC，到如今的智能手机、无人驾驶汽车以及各种先进传感器，大量与智能技术相关的创新产品均来自美国高校的实验室和企业的研发中心。

美国利用基础学科、信息技术等领域的综合优势，一方面聚焦创新技术研发应用，突破制造业尖端领域，另一方面利用互联网能力带动工业提升，重塑制造业领先地位。美国于 2011 年提出了先进制造业战略，在此基础上，2013 年又明确提出把这个战略聚焦为先进传感、控制和平台制造技术（AS-CPM），可视化、信息化和数字化制造，以及先进材料制造等三大技术的优先突破，提出国家创新网络计划，到 2016 年底已经建立 14 个创新中心。这些创新中心是政产学研用的集成合作，并按照企业化运作、项目制管理进行共同创新、共同分享，以及应用化实施。政府给予每个创新中心 1.5 亿～3 亿美元的支持，但只支持 5～7 年，之后中心要能独立存活；政府成立管理办公室，每年对中心进行相应检查。通过这样的机构，美国政府促进了研究机构、大型企业、中小企业都能加入同一个机构或者组织中去，共同进行研发、突破、培训、共享，以及信息和创新红利的分享。

在政策体系构建方面，美国政府提出，"再工业化"由政府协调各部门进行总体规划，并通过立法来加以推进。为了推进"再工业化"战略，美国相继出台的法律政策有《重振美国制造业框架》《美国制造业促进法案》《先进制造伙伴计划》《先进制造业国家战略计划》《制造创新国家网络计划》等。另外，美国还围绕"再工业化"这一经济战略制定了一系列配套政策，形成全方位政策合力，真正推动制造业复苏，包括产业政策、税收政策、能源政策、教育政策和科技创新政策。例如，在制造业的政策支持上，美国选定高端制造业和新兴产业作为其产业政策的主要突破口。在税收政策上，美国政府通过降税以吸引美国制造业回流，2017 年 12 月，特朗普政府已将企业税由 35% 下调至 20%。能源行业是美国再工业化战略倚重的关键行业之一，美国政府着重关注新能源的发展。鼓励研发和创新，突出美国新技术、新产业和新产品的领先地位，这也是美国推进"制造业复兴"的重要举措之一，美国在再工业化计划进程中整顿国内市场，大力发展先进制造业和新兴产业、扶持中小企业发展，加大教育和科研投资力度支持创新，实施智慧地球战略，为制造业智能化的实现提供了强大的技术支持、良好的产业环境和运行平台。同时，制定一些对外贸易政策，为智能制造拓宽国际市场，例如，2018 年 3 月开始，特朗普政府针对中国、欧洲甚至加拿大等美国传统贸易伙伴发动贸易战，究其根本就是为了巩固其全球科技创新经济制高点的地位，维护、提升美国在先进制造业的领先优势。

2021 年 6 月，美国参议院通过了《2021 年美国创新和竞争法案》（United States Innovation and Competition Act of 2021），其中的拨款方案和《无尽前沿法案》（Endless Frontiers Act）主张美国联邦政府应通过关键领域的公共投资增强美国新技术实力。《2021 年美国创新和竞争法案》将 570 亿美元作为紧急拨款，重点发展芯片和 5G 网络两个领域。同样，《无尽前沿法案》也要求美国国家科学基金会 5 年内在人工智能和机器学习、高性能计算、半导体和先进计算机硬件、量子计算和信息系统、机器人、自动化与先进制造等 10 个关键技术领域投资 1000 亿美元。另外，美国众议院通过了《国家科学基金会未来法案》（National Science Foundation for the Future Act），该法案一方面从机构设置上对美国国家科学基金会（NSF）进行改造，另一方面倡导对多个技术领域的投资与关注。该法案规定了美国国家科学基金会应与美国国家科学院、国家工程院和国家医学院签订合同，资助多学科研究中心，以促进科技成果转化，以及科学、技术、工程和数学（STEM）等方面的人才培养。

美国非常重视提高中小企业在先进制造创新网络中的参与度，以充分发挥中小企业活力。《振兴美国制造业和创新法案》将美国国家标准与技术研究院的《制造扩展合作伙伴关系》纳入美国制造业拓展伙伴计划。依托遍布全美的 51 个制造业拓展伙伴中心，美国将小型制造商与美国制造协会提供的技术和资源联系起来。通过派驻员工、共享科研项目等方式，制造业拓展伙伴中心帮助美国制造业创新研究所的中小型制造企业进行改造创新。《美国先进制造领先战略》提高了美国中小制造企业在先进制造业中的作用，将中小企业供应商、大学、国家实验室、美国制造业研究所等机构相连接，以确保其能获得相应的技术和专业知识。

（二）德国

目前，已经进入以现代信息技术为标志的第四次工业革命（工业 4.0）时代。"工业 4.0"的突出特点是"互联网 + 智能制造"，即充分利用互联网技术、数据库技术、嵌入式技术、无线传感器网络、机器学习等多种技术融合实现制造业智能化、远程化测控。

德国提出了"工业 4.0"的发展战略。理想的"工业 4.0"，即在（自动化）流水线上经济地生产定制化产品。网络化、数字化的作用是提高"工业 4.0"的经济性。真正的"工业 4.0"不但要实现系统与机器的柔性化、生产设施的网络分布化，还有生产全要素、全流程的互联互通，产品的联网和用户与各个环节交互。"工业 4.0"为我们展现了一幅全新的工业蓝图：在一个智能化、网络化的世界里，人、设备与产品实现了实时连通、相互识别和有效交流，从而构建一个高度灵活的个性化和数字化的智能制造模式。在这种模式下，创造新价值的过程逐步发生改变，产业链分工将重组，传统的行业界限将消失，并会产生各种新的活动领域和合作形式。

德国是全球制造业的"众厂之厂"，正以"工业4.0"打造着德国制造业的新名片。德国的制造战略重点侧重利用信息通信技术与网络空间虚拟系统相结合的手段，将制造业向智能化转型。2010年德国联邦教研部主持制订《2020高科技战略》，2013年，德国电子电气制造商协会等向德国政府提交了《保障德国制造业的未来——关于实施工业4.0战略的建议》。在德国工程院、弗劳恩霍费尔协会、西门子公司等德国学术界和产业界的推动下，"工业4.0"战略在同年举行的汉诺威工业博览会上正式推出，并作为2020高科技战略的重要组成部分。在具体实践"工业4.0"时，重点利用物联网等技术，依托强大的制造业优势，尤其是装备制造业和生产线自动化方面的优势，从产品的制造端提出智能化转型方案，为抢占未来智能制造装备市场做好了充分准备。

在政策体系构建方面，德国政府为推进"工业4.0"计划设定了一些关键性措施，主要包括：融合相关的国际标准来统一服务和商业模式，确保德国在世界范围内的竞争力；旧系统升级为实时系统，对生产进行系统化管理；制造业中新商业模式的发展程度应同互联网本身的发展程度相适应；雇员应参与到工作组织、协同产品开发（con-current product development，CPD）和技术发展系统之中。建立一套众多参与企业都可接受的商业模式，使整个信息和通信技术（information and communication technology，ICT）产业能够与机器、设备制造商及机电一体化系统供应商工作联系更紧密。

2018年，德国出台《联邦政府人工智能战略》，提出到2025年在联邦层面投入30亿欧元以强化"人工智能德国制造"，并明确3大目标和12个具体行动领域。2020年德国更新上述战略，并将2025年前的联邦政府投入扩大到50亿欧元。在此基础上，德国逐步形成以人工智能产业创新为先导、以人权安全和民主自由为基本原则的AI发展格局。

（三）欧盟

制造业在欧洲占据着重要地位。来自欧洲委员会的数据显示，制造业附加值（added value）大约占到欧盟27国总附加值的20%，提供了欧盟27国18%的就业岗位（合计3000万个就业岗位），并且衍生出约6000万个间接支撑行业（如物流业）的工作岗位。此外，80%的欧洲出口产品都是制造业产品。欧洲制造业涉及25个不同的产业部门，其中多数都由中小企业所主导，对于欧洲经济发展起着巨大的推动作用。

然而，欧洲制造业正面临岗位流失、竞争力下降的严峻挑战。早在2004年，欧洲委员会就发现，欧盟国的研发投入比重太小，2004年欧盟成员国的研发强度（研发支出占GDP比重）为1.86%，而美国和日本分别高达2.66%和3.18%，这不利于欧洲制造业的创新。而欧洲委员会近期的报告显示，自2008年金融危机以来，欧盟各国在制造业领域的岗位流失已达到350万之多，欧洲产业界对工业的投入持续降低，制造业占GDP的比重已从2008年的15.4%降至2018年的14.89%，欧洲的生产表现与竞争者相比持续恶化。

在这一形势下，欧盟急于通过工业复兴推动经济发展，其目标是到2020年使制造业GDP占比回升至20%，为此一些相关的战略和政策陆续出台。为了提高欧洲制造业的整体竞争力，欧盟于2010年6月正式通过了未来十年的发展蓝图《欧洲2020：智能、可持续与包容性的增长战略》（简称欧洲2020战略），提出要实现智能化的经济增长（smart growth），重点发展信息、节能、新能源和以智能为代表的先进制造，并提出将实施七大配套旗舰计划以实现战略目标，其中就包括与智能制造领域直接相关的旗舰计划——"全球化时代的工业政策"（An Industrial Policy for the Globalization Era）。该计划旨在改善商业环境，尤其是中小企业的经营环境，支持发展强大的、可持续发展的、具有全球竞争力的工业。同年，欧洲委员会出台政策文件《全球化时代的工业政策——在中心舞台加强竞争力和促进可持续发展》，具体阐述针对欧洲推动新时期工业发展的计划举措。此后，2012 年和 2014 年，欧洲委员会又分别出台《未来经济复苏与增长，建设一个更强的欧洲工业》《为了欧洲的工业复兴》两个政策文件，对于 2010 年的工业政策进行进一步调整。

欧盟将斥巨资扶持智能制造。欧盟 2015 年 10 月 13 日宣布，根据当天通过的"2016—2017 工作方案"，将在未来两年内投资约 160 亿欧元推动科研与创新，以增强欧盟的竞争力。其中，欧洲制造业的现代化投资为 10 亿欧元，成为重点扶持领域。欧盟此举将为各国制造业升级起到示范作用。除此之外，欧盟积极推动智能制造领域的研发活动。作为欧盟资助欧洲研究的主要途径，欧盟第七框架计划（FP7）（2007—2013 年间欧盟研发框架项目）资助了多个智能制造相关项目。其中，最主要的当属"未来工厂"行动计划（Factories of the Future，简称 FoF 计划）和火花计划（SPARK）。

过去 10 年，欧盟持续推进工业转型实践，并着手构建起更具弹性和韧性的经济体系。随着探索不断深化、经验持续积累，一种指导工业发展的新范式（new paradigm for the industrial transformation）——工业 5.0 应运而生。工业 5.0，是对工业 4.0 内涵和外沿的深化与扩展，其中最显著的变化，是更加侧重工业发展的社会效益。在否定工业 4.0"将效率和生产力作为唯一目标"的基础上，工业 5.0 旨在推动工业生产模式和技术发展趋势进一步向可持续、以人为本和韧性弹性的方向转型。其充分体现了经济数字化、环境友好型、重视劳动者福祉等工业发展的新趋势，提出了构建"以公平为前提"的价值创造新方式，以期实现人类的共同进步，而并非由少数人（股东）占有工业发展成果。

（四）日本

日本是智能制造最早的发起国之一，非常重视技术的自主创新，要求以科学技术立国。2007 年，日本审议并开始实施"创新 25 战略"。这是一项社会体制与科技创新一体化的战略，为日本创新立国制定了具体的政策路线图。其中包括 146 个短期项目和 28 个中长期项目，后者以"智能制造系统"作为核心理念，大力实施技术创新项目。

在经历了看上去略微有些混乱的应对"工业 4.0"的各种政策之后，日本产业界终于在智能制造中找到了自己的位置。2015 年 1 月，发布"新机器人战略"，其三大核心目标分别是世界机器人创新基地、世界第一的机器人应用国家及迈向世界领先的机器人新时代。2015 年 10 月，日本设立 IoT 推进组织，推动全国的物联网、大数据、人工智能等技术开发和商业创新。之后，由日本经济贸易产业省（METI）和日本机械工程师协会（JSME – MSD）发起产业价值链计划，基于宽松的标准，支持不同企业间制造协作。

2016 年 12 月 8 日，《日本工业价值链参考框架》（Industrial Value Chain Reference Architecture，IVRA）正式发布，标志着日本智能制造策略正式完成里程碑的落地。IVRA 是日本智能制造独有的顶层框架，相当于美国工业互联网联盟的参考框架 IIRA 和德国"工业 4.0"参考框架 RAMI 4.0，这是具有日本制造优势的智能工厂得以互联互通的基本模式。而工业价值链计划，赫然成为"通过民间引领制造业"的重要抓手。事实上，工业价值链计划正在成为日本智能制造的核心布局。

在政策体系构建上，日本政府在"创新 25 战略"提出之前，就已经致力于建设信息社会，以信息技术推动制造业的发展，增强产业竞争力，提出了"u – Japan 战略"，目的在于建设泛在信息社会。其主要关注网络信息基础设施、信息和通信技术（ICT）在社会各行业的运用、信息技术安全和国际战略四大领域。在泛在网络（人与人、人与物、物与物的沟通）发展方面，形成有线、无线无缝连接的网络环境；建立全国性的宽带基础设施以推进数字广播；建立物联网，开发网络机器人，促进信息家电的网络化。此外，通过促进信息内容的创造、流通、使用和 ICT 人才的培养实现 ICT 的高级利用。"u–Japan 战略"计划在 ICT 基础设施、物联网等领域取得了一系列成就，为"创新 25 战略"的实施奠定了基础。2008 年，基于"创新 25 战略"和第三期《科学技术计划》的基本立场和基本目标，日本政府提出了"技术创新战略"，主要围绕提升产业竞争力等方面进行政策设计。

2017 年 3 月，日本正式提出"互联工业"（connected industry）的概念，发表了《互联工业：日本产业新未来的愿景》。"互联工业"强调，"通过各种关联，创造新的附加值的产业社会"，包括物与物的连接、人和设备及系统之间的协同、人和技术相互关联、既有经验和知识的传承，以及生产者和消费者之间的关联。日本今后将在 5 个重点领域寻求发展：无人驾驶·移动性服务；智能制造和机器人；生物与材料；工厂·基础设施安保；智能生活。以上这 5 个领域都是采取了交叉式的各种政策来推进的，主要是三类横向政策：①实时数据的共享与使用，②针对数据有效利用的基础设施建设（如培养人才、研究开发、网络空间的安全对策等）；③国际、国内的各种横向合作与推广（如向中小企业的推广普及）等。

日本政府做了一系列的工作，来推进工厂智能化以及物联网在制造业的应用。在这个过程中，政府和企业一起建立了新的支援体制，也就是新型"产官学"一体化合作机制。当前在日本，推进物联网 loT 发展的团体一共有三个：机器人革命协会 RRI、物联网 loT 推进实验室和工业价值链 IVI，参加者既有大学教授，也有企业技术人员，既有政府官员，也有市场行销人员。通过新技术、新发明的发表，寻求企业的赞助与共同研究，最终转变为产品与市场。所以，日本专利技术的转换率高达 80%，"产官学"一体化合作机制功不可灭。

为强化制造业竞争力，2019 年 4 月 11 日，日本政府概要发布了 2018 年度版《制造业白皮书》，指出在生产第一线的数字化方面，中小企业与大企业相比有落后倾向，应充分利用人工智能的发展成果，加快技术传承和节省劳力。与此同时，日本发布了多期《科技发展基本计划》。该计划主要部署多项智能制造领域的技术攻关项目，包括多功能电子设备、信息通信技术、精密加工、嵌入式系统、智能网络、高速数据传输、云计算等基础性技术领域。日本通过这一布局建设覆盖产业链全过程的智能制造系统，重视发展人工智能技术的企业，并给予优惠税制、优惠贷款、减税等多项政策支持。以日本汽车巨头本田公司为典型，该企业通过采取机器人、无人搬运机、无人工厂等智能制造技术，将生产线缩短了40%，建成了世界最短的高端车型生产线。日本企业制造技术的快速发展和政府制定的一系列战略计划为日本对接"工业 4.0"时代奠定了良好的基础。

2022 年 5 月，日本参议院全体会议表决通过《经济安全保障促进法案》。2022 年 12 月，日本政府将抗菌药、肥料、永磁体、机床和工业机器人、半导体、蓄电池等 11 类指定为特定重要商品。针对 11 类"特定重要商品"，日本逐一制定了《确保稳定供应的指导方针》，正在通过对私营企业的支持，推进确保稳定供应的工作。此外，根据日本第六次科学技术和创新基本计划提出以未来目标为导向，推导出解决方案，并据此制定政策，通过创新推动社会变革。日本正在大力推动创新型人工智能、大数据、物联网、材料、光学/量子技术、环境能源等对未来社会至关重要的关键前沿技术的研发。

（五）其他工业国家

1. 英国　作为第一次工业革命的发源地，曾被视为"现代工业革命的摇篮"。进入 21 世纪后，虽然在基础科学研究和技术研发等领域仍未落后于人，但英国的生产力和生产效率却随着其国力的衰落而走上了下坡路。2017 年 1 月 23 日，英国政府正式发布了"现代工业战略"绿皮书，旨在通过提高全国的生产力和推动增长来提高生活水平和经济增长。2023 年 11 月，英国发布《先进制造业计划》，旨在以英国制造业的传统和优势为基础，充分发挥商业环境领先、世界级大学云集、创新机构网络较为成熟、高技能劳动力充裕等优势，避免陷入国家之间扭曲性的补贴大战中，并使英国成为世界上发展制造业的最佳国家。

2. 韩国 制造业同样占据国民经济重要地位的韩国，也在 2014 年 6 月正式推出了被誉为韩国版"工业 4.0"的《制造业创新 3.0 战略》。2015 年 3 月，韩国政府又公布了经过进一步补充和完善后的《制造业创新 3.0 战略实施方案》。这标志着韩国版"工业 4.0"战略的正式确立。2019 年，韩国宣布将 2019 年定为"韩国制造业复兴"元年，并将推出制造业复兴愿景计划，帮助韩国政府及产业界积极应对外部变化，力争使韩国跻身全球制造业四大强国之一。韩国政府在《制造业复兴发展战略蓝图》中提出，要以智能化、生态友好型和融合方式创新产业结构，政府将在所有制造业部门推进基于人工智能的工业智能技术，到 2030 年将建造 2000 家"人工智能工厂"，以支持基于人工智能的服务，并促进关键软件、机器人、传感器和设备等智能制造设施 发展。同年，韩国发布了未来 5 年《政府中长期研发投入战略》，其中也涉及信息通信、机械材料、能源和生命等未来产业，明确了以公共需求为中心的 IT 智能融合是投入方向之一。2023 年，韩出台机器人产业发展战略，擘画有关行业中长期发展蓝图。政府在战略中提出到 2030 年在各领域推广使用百万台的目标。

3. 印度 印度工业发展一直受到制造能力不足、制造业商品质量低下的困扰。2004 年 9 月，辛格新政府宣布组建"国家制造业竞争力委员会"，专职负责推动制造业的快速及持续发展。2011 年，印度发布《国家制造业政策》，进一步明确要加强印度制造业的智能化水平。2014 年 9 月，印度总理莫迪启动了"印度制造"计划，提出未来将印度打造成新的"全球制造中心"。"印度制造"的核心领域就是智能制造技术的广泛应用，特别是结合印度本国高度发达的软件产业基础，在智能制造流程管理等领域具有一定的发展优势。而后在 2020 年，印度又推出生产挂钩激励计划（PLI），支持国内企业自力更生发展。截至 2023 年，已推出总计超 2 万亿印度卢比的产业激励计划，覆盖 13 个关键制造生产行业。

二、先进技术的前沿应用

1. 先进设计技术 技术推动向以模型和数据为核心的产品研发模式转变；推进基于模型的设计技术深入应用；数字孪生/数字线索深入应用，有效提升虚拟验证和决策水平；新设计技术与增材制造结合有望颠覆传统设计制造模式。

2. 先进制造技术 增材制造技术持续快速发展，应用范围进一步扩展；纳米制造取得多项突破性进展，在光电子器件、天线和集成电路制造等领域应用前景广阔；智能制造引领全球制造业发展，呈现快速发展态势。

3. 先进材料技术 先进树脂复合材料制备工艺优化升级，复合材料应用范围扩大；高性能金属材料的获取途径有所突破；特种功能材料领域全面发展，核材料以及超高温、隐身、装甲防护材料成为研究热点；电子信息功能材料在降低氮化镓器件成本、二维电子材料应用验证等方面取得进展。

4. 试验测试技术 美国空军研发增强现实快速无损检测技术；美国阿贡实验室开发改进增材制造的新型组合检测方式；美国海军新建移动电磁测试设施；美国圣母大学新建美国规模最大的高超声速静风洞；美国航空航天局推进试验设施向民间企业开放共享。

目标检测

1. 在智能制造的发展历程中，你觉得智能制造发展的关键是什么？

2. 纵观全球智能制造动向，你觉得还会有哪些先进技术更新或问世？

3. 面对目前智能制造发展面临的挑战，你认为最重要的是什么？

第二章　智能制造推进战略

第一节　国外智能制造战略

本节以典型的德国"工业4.0"和美国先进制造战略为例，概述国外智能制造推进战略情况。

一、德国工业4.0

德国工业4.0的战略要点可以概括为"1238"工程，即建设一个网络、研究两大主题、实现三项集成、部署八大领域。

建设一个网络：指信息物理系统（CPS）网络。信息物理系统的作用就是将物理设备连接到互联网上，让物理设备具有计算、通信、精确控制、远程协调和自治等五大功能，从而实现虚拟世界和现实物理世界的联系和融合。CPS可以将资源、信息、物体以及人紧密联系在一起，创造物联网及相关服务，从而将生产工厂转变为一个智能环境。

研究两大主题：智能工厂和智能生产。"智能工厂"是未来智能基础设施的关键组成部分，重点研究智能化生产系统及过程，以及网络化分布生产设施的实现。"智能生产"的侧重点在于将人机互动、智能物流管理、3D打印等先进技术应用于整个工业生产过程，从而形成高度灵活、个性化、网络化的产业链。生产流程智能化是实现"工业4.0"的关键。

实现三项集成：横向集成、纵向集成与端对端集成。"工业4.0"将无处不在的传感器、嵌入式终端系统、智能控制系统、通信设施通过CPS形成一个智能网络，使人与人、人与机器、机器与机器以及服务与服务之间能够互联，从而实现横向、纵向和端对端的高度集成。横向集成是企业间通过价值链以及信息网络所实现的一种资源整合，是为了实现各企业间的无缝合作，提供实时产品与服务；纵向集成是基于未来智能工厂中网络化的制造体系，企业内生产过程可实现个性化定制生产，替代传统的固定式生产流程（生产流水线）；端对端集成是指贯穿整个价值链的工程化数字集成，是在所有终端数字化的前提下实现的基于价值链的各不同公司之间的一种整合，将最大限度地实现个性化定制。

部署八大领域：这是"工业4.0"得以实现的基本保障。一是标准化和参考架构。需要开发出一套单一的共同标准，不同公司间的网络连接和集成才会成为可能。二是管理复杂系统。适当的计划和解释性模型可以为管理日趋复杂的产品和制造系统提供基础。三是一套综合的工业宽带基础设施。建设全面、高品质的通信网络是"工业4.0"的一个关键要求。四是安全和保障。在确保生产设施和产品本身不能对人和环境构成威胁的同时，要防止生产设施和产品滥用及未经授权的获取。五是工作的组织和设计。随着工作内容、流程和环境的变化，对管理工作提出了新的要求。六是培训和持续的职业发展。有必要通过建立终身学习和持续职业发展计划，帮助工人应对来自工作和技能的新要求。七是监管框架。创新带来的诸如企业数据、责任、个人数据以及贸易限制等新问题，需要准则、示范合同、协议、审计等适当手段加以监管。八是资源利用效率。需要考虑和权衡的是，原材料和能源的大量消耗，将会给环境和安全应用带来的诸多风险。

总体来看，"工业4.0"战略的核心内容就是通过CPS网络实现人、设备与产品的实时连接、相互识别和有效交流，从而构建一个高度灵活的个性化和数字化的智能制造模式。在这种模式下，生产由集中向分散转变，规模效应不再是工业生产的关键因素；产品由趋同向个性转变，未来产品都将完全按照个人意愿进行生产，极端情况下将成为自动化、个性化的单件制造；用户由部分参与向全程参与转变，用户不仅出现在生产流程的两端，而且广泛、实时参与生产和价值创造的全过程。

（一）德国战略工业4.0的本质特征

"工业4.0"的本质特征可以概括为互联、集成和数据。即基于信息物理系统（CPS），构建"状态感知－实时分析－自主决策－精准执行－学习提升"的数字虚拟环境，并实现万物互联，通过三项集成实现数据的自动流动，从而消除复杂系统的不确定性，在给定的时间、目标场景下，优化资源配置，实现知识循环应用，促进制造业模式革新，进而实现"智能制造"。

1. 互联　"工业4.0"顺应互联网时代的发展，将各种高端技术、系统通过CPS融合形成智能互联网。智能互联网能够帮助工业制造过程实现多种互联，可以让机器、工作部件、系统以及人类通过网络保持数字信息的持续交流，实现生产设备之间互联、设备与产品互联、虚拟与现实互联，最终实现万物互联。

2. 集成　是指"工业4.0"的三大集成。"工业4.0"构建出一个全新的智能网络，将无处不在的传感器、终端系统、智能控制系统以及通信设施通过CPS融合，不仅促进了人与人、人与设备之间的互联，还实现了"智能工厂"的集成。

3. 数据　在"工业4.0"环境下，高端智能设备与终端的普及带来了无所不在的感知与连接。这些终端、生产和感知设备在运行过程中将产生大量数据，主要有产品数据、运营数据、价值链数据和外部数据。最终这些数据将会逐一渗透到企业运营，以及价值链在内的工业加工、制造周期中，成为推动"工业4.0"发展进程的基石。

（二）德国战略工业4.0的关键环节

1. 关键核心　以基于模型定义（model－based definition，MBD）为核心，构建基于模型的企业（model－based enterprise，MBE），包含基于模型的工程、基于模型的制造以及基于模型的维护，是企业迈向数字化、智能化的战略路径，成为当代先进制造体系的具体体现。只有通过模型的建立，实现数据源的统一、信息的实时获取和全部信息应用系统的集成，才能大幅度提高效率、减少交货时间，满足柔性制造、个性化制造及产品纠错机制，确保产品质量。

2. 根本保障　物联网通过应用智能传感与传输技术、射频识别和智能终端技术，将产品、设备、生产线、人的信息连接起来，互联互通，实现制造服务过程中的现场实时数据采集、数据处理和信息共享、综合分析与优化，确保在线智能识别和实时检测。

3. 有效手段　大型企业集团通常在全球分布有制造工厂，为了有效整合利用分布式制造资源，应采取云制造模式，通过全球订单的统一管理、ERP计划的统一组织、物流的统一调配、制造的协同和市场的统一营销，提供高附加值、低成本和全球化制造的产品和服务。

4. 重点难点　工业4.0重要的标志之一，是能够实现生产线和产品工艺的模型仿真，只有通过仿真才能预测生产线的能力，并根据实际订单的需求来优化生产线工艺布局，真正实现制造的虚实结合。但是设备、生产单元、生产线以及工艺方法的数字化模型建立是当前制造业的难点，需要大量的数据积累和精准的算法模型，并不断地修正和完善，才有可能逐步逼近生产线的实际情况。同时，构建基于模型的制造企业，对于传统制造业无疑是一场革命，将改变原有的研制流程，与现行的生产、检验、管理制度甚至企业文化会发生很大的冲突。

（三）德国战略工业4.0的技术支撑

"工业4.0"的技术支撑主要包括工业互联网、云计算、工业大数据、工业机器人、3D打印、知识工作自动化、工业网络安全、虚拟现实和人工智能。

1. 工业互联网　是"工业4.0"的核心基础，是开放、全球化的网络，它将人、数据和机器连接起来，是全球工业系统与高级计算、分析、传感技术及互联网的高度融合。

2. 云计算　是基于互联网的相关服务的增加、使用和交付模式，通过互联网来提供动态易扩展且经常是虚拟化的资源。"云"是网络、互联网的一种比喻说法，可分为公有云和私有云。

3. 工业大数据　是以工业系统的数据收集、特征分析为基础，对设备、装备的质量和生产效率以及产业链进行更有效的优化管理，并为未来制造系统搭建无忧的环境。它在整个"工业4.0"里是一个至关重要的技术领域。

4. 工业机器人　是面向工业领域的多关节机械手或多自由度的机器装备，它能自动执行工作，是靠自身动力和控制能力来实现各种功能的一种机器。它可受人类指挥，也可按预先编制的程序运行，现代工业机器人还可根据人工智能制定的原则纲领行动。

5. 3D打印　是快速成形技术的一种，是以数字模型文件为基础，运用粉末状金属或塑料等材料，通过逐层打印的方式来构造物体的技术。

6. 知识工作自动化　是通过机器对知识的传播、获取、分析、影响、产生等进行处理，最终由机器实现并承担长期以来被认为只有人才能够完成的工作，即将现在认为只有人能完成的工作实现自动化。

7. 工业网络安全　是为工业控制系统建立和采取的技术和管理方面的安全保护措施，以保护其硬件、软件、数据不因偶然的或恶意的原因而受到破坏、更改、泄露。也即保护信息和系统不受未经授权的访问、使用、泄露、修改和破坏，为信息和信息系统提供保密性、完整性、可用性、可控性和不可否认性。

8. 虚拟现实　是仿真技术的一个重要方向，是一种可以创建和体验虚拟世界的计算机仿真系统，它利用计算机生成模拟环境，是多源信息融合的交互式三维动态视景和实体行为的系统仿真，主要包括模拟环境、感知、自然技能和传感设备等方面。

9. 人工智能　是研究、开发用于模拟、延伸和扩展人的智能的理论、方法、技术及应用系统的一门技术科学，它试图了解智能的实质，并生产出一种能以与人类智能相似的方式做出反应的智能机器，主要包括机器人、语言识别系统、图像识别系统、自然语言处理系统和专家系统等。

（四）德国战略工业4.0的主要优势

1. 物理信息系统　"工业4.0"被认为是以智能制造为主导的第四次工业革命，旨在通过深度应用信息技术和网络物理系统等技术手段，将制造业向智能化转型，其中CPS（信息物理系统）是关键通用技术。德国目前居于世界领先地位的有嵌入式系统、传感器和气动式控制系统，其信息物理系统制造商以及 M2M、嵌入式系统、智能传感器和执行器制造商很可能成为全球市场和创新领先者。信息物理系统的应用将传统工业的 3C——计算（Computing）、通信（Communication）和控制（Control）拓展为 6C，增加了内容（Content）、协同（Community）和定制化（Customization）。利用新的技术，工业企业借助德国具有比较优势的信息物理系统（包括智能设备、数据存储系统和生产制造业务流程管理），可以使订单自动通过整个价值创造链条，自动预定加工机器和材料，自动组织向客户供货，自动优化物流体系，并在生产环节实现数字化、可视化的智能制造。

2. 中小企业发挥重要作用　德国管理学家赫尔曼·西蒙认为，德国出口贸易之所以取得持续发展，主要得益于其众多的中小企业，特别是那些在国际市场上处于领先地位的中小企业。他把这些中小企业称为"隐形冠军"。德国机械设备制造业有超过 6000 家公司，其中 87% 以上是中小企业，且绝大多数是家族企业，平均从业人员不超过 240 人。"小而精"是德国中小企业的特点，"小"是指企业的规模相对于大企业而言从业人数较少，"精"是指产品的科技含量和单位产值较高。但其实并不是所有的制造业都是以中小企业为主的，这种企业结构主要存在于机器设备制造业以及信息和通信产业，而在金属、钢铁和其他有色金属制造，重型机械和电力机械制造，人造染料、纤维、肥料以及新材料和化学工业等领域，则是以"大企业"为主导，但也有大量中小企业，且与大企业形成了比较和谐的共存和发展关系。在"工业 4.0"目标下，各类智能互联制造平台将中小企业整合到新的价值网络中，进一步增强了中小企业的活力，使中小企业成为新一代智能化生产技术的使用者和受益者，同时也成为先进工业生产技术的创造者和供应者，从而带动产业结构整体升级。

3. 产业组织结构加速转变　"工业 4.0"重新定义了制造商、供应商和开发商之间的网络协同结构，目的是实现市场与研发、研发与生产、生产与管理的协同，从而形成完整的制造网络。德国产业结构正由传统的大型企业集团掌控的供应链主导型向产业生态型演变，平台技术以及平台型企业将在产业中展现出更多的作用。根据德国工业 4.0 标准化路线图，可将"工业 4.0"的参与者分为三类：技术供应方、基础设施供应方和工业用户，分别负责提供关键的产品技术、软件支持结构或服务以及利用新技术优化生产过程。从生产流程管理、企业业务管理到研究开发产品生命周期的管理形成的"协同制造模式"（collaborative manufacturing model，CMM），使企业价值链从单一的制造环节向上游研发与设计环节延伸，企业管理链从上游向下游生产与制造环节拓展，形成了集成工程、生产制造、供应链和企业管理的网络协同制造系统。

4. 标准先行　标准化是保持领跑的先决条件、产业竞争的制高点，保证制造业企业市场竞争力的关键，也是实行贸易保护的重要技术手段。德国是世界工业标准化的发源地，约有 2/3 的国际机械制造标准来自德国标准化学会（DIN），包括一系列专业委员会，如机械制造标准委员会（NAM）、机床标准委员会（NWM）、电工委员会（DKE）、技术监督协会（TUV）等，以及申克（SCHENCK）、鲁尔奇（LURGI）、道依奇（DEUTZ）三大公司的标准化室等。标准的功能主要体现在信息提供上，减少复杂多样性和不匹配。标准化每年为德国带来可观的经济利益，德国企业对"谁制定标准谁就拥有市场"体会颇深。技术变革的不断加快和生命周期的不断缩短，要求标准必须处在实时的演进中，以适应产业实践的跨越。为继续保持"德国制造"的领先地位，标准化成为工业 4.0 的重要组成部分。新的技术标准具有显著的高技术性、更强的系统性和协调性以及动态性与适应性，为企业提供技术标准和通用性框架。

5. 人力劳动的灵活性　未来的工业生产需要大量合格、有能力的员工来面对灵活性的需求。高度自动化的系统难以实时反映产品日益复杂、更多差异化、生命周期变短的现实，追求单一领域的自动化和人为驱动的柔性链接方式是更可行的选择。人可以连接自动化的单个系统，在思维能力、关联能力、感知能力等方面也比机器有优势，或者说这些功能通过机器来实现成本较高。未来控制标准化的日常工作可以依赖信息物理系统，而复杂的决策工作留给人，生产过程中机器和人的关系将更加紧密，合作模式将更加灵活，人的灵活性要与机器设备的灵活性相匹配，形成团队协同工作。在德国，携带智能装备的人被吸纳到"工业4.0"之中，工人通过移动终端调取相关信息、应用和商业数据，信息可以分散式获取、加工和反馈。

二、美国先进制造业战略

在先进制造产业政策方面，美国政府行动较早且具有清晰的发展战略。美国先进制造产业相关政策主要自2009年奥巴马上任后实施"再工业化"政策展开。2008年金融危机给美国经济造成较大影响，受不同时期内外部环境影响，美国历任政府先后出台了一系列先进制造业相关政策措施，鼓励先进制造业发展，致力于保持和稳固其在先进制造业的全球领先地位。

2022年10月7日，美国白宫发布了2022年版《国家先进制造业战略》，本次战略更新了2018年《先进制造业美国领导力战略》，提出通过三个支柱来实现美国先进制造业领导地位的愿景，旨在促进经济增长、创造高质量就业、增强环境可持续性、应对气候变化、加强供应链、确保国家安全、改善医疗健康，并确定了未来四年的11项战略目标及相关技术方案建议。

(一) 美国先进制造业战略三大支柱

1. 开发先进的制造技术并投入生产应用 美国在先进制造的研究、开发和部署方面，政府投资集中在特定的任务目标，促进目标技术部门的公私伙伴关系是研发和应用新的制造技术的关键。

2. 壮大先进制造业劳动力队伍 美国必须提供高质量的就业岗位增加制造业劳动力，并通过与技术创新同步的培训系统培训提升工人的技能。通过加强跨机构的联邦政策协调及地方的政策导向，最大限度地增加制造业劳动力。

3. 加强制造业供应链和生态系统的韧性 对制造业供应链弱点进行更多的映射，以支持不同公共和私营利益方的集体行动，并确保供应链的完整性。中小型制造商占美国制造业企业的98%和美国制造业产品的一半，应支持它们以增强制造业供应链和生态系统的抵御力。

(二) 美国先进制造业战略目标

1. 实现清洁和可持续的生产制造过程，以支持脱碳 美国2021年11月颁布《两党基础设施法》，其中的基础设施现代化投资，将提供大量资源和激励措施，帮助实现气候和清洁能源目标。其他实施建议包括：实现制造过程脱碳；使用清洁能源制造技术；发展可持续制造和回收技术。

2. 促进微电子和半导体制造业的创新能力 为提升产品的性能，需研究新的微电子材料、元器件，提高互连解决方案的制造和处理能力。实施建议包括：加大半导体和微电子纳米制造的投入；加强半导体的材料、设计和制造相关技术开发；加强半导体封装和多样化设计的创新。

3. 发展先进制造业以支持生物经济 为了继续改善食品安全、食品可及性和食品供应链的弹性，必须充分利用先进制造技术加速细胞农业、蛋白质替代和个性化营养等新领域的发展。实施建议包括：促进生物制造技术的研究；支持农业、林业和食品加工业；促进生物质能加工和转化的研究；重视研发和检测药品和医疗保健展品。

4. 开发新材料和新加工技术 实施建议包括：研发高性能材料设计与加工技术；开发增材制造过程优化框架；识别和整合替代材料及技术，以减少或取代高需求技术中关键材料的使用；在微重力环境下开发新的增材制造工艺，以创造可替换部件和太空基础设施。

5. 引领智能制造未来发展   实施建议包括：重点研发先进传感等数字化制造技术；加大对机器学习、数据访问、机密性、加密和风险评估方面的人工智能技术研发；提高人与机器之间的协作能力；制定标准、工具和测试平台，并发布在智能制造系统中的网络安全指导方针。

6. 扩大先进制造业人才库并使其更加多元化   实施建议包括：提高学员对先进制造业职业的认知；与社区大学和地区高中合作，带动来自先进制造业和服务不足的社区的学生和家庭，为该地区的人提供全行业的技术援助和指导；通过制定标准、政策、相关指标、评估和问责制，确保推动政府项目过程实现多样性、公平性、包容性和可及性。

7. 发展和推广先进制造业教育和培训   实施建议包括：将先进制造纳入基础 STEM 教育；开展先进制造业现代化职业技术教育；扩展和传播最新的技术。

8. 加强投资方与教育机构之间的联系   实施建议包括：扩展基于工作的学习和学徒制；鼓励工人获得行业认可的证书和相关认证。

9. 加强供应链互连   实施建议包括：促进供应链内部的合作；推进供应链数字化转型的创新。

10. 降低供应链脆弱性   实施建议包括：追踪供应链上的信息和产品，发展普遍意识、共同数据共享、改进报告和标准化的网络安全集成，以帮助识别和快速减轻风险；增加对供应链的可见性，利用人工智能系统和经济分析手段对供应链关键节点进行优先级监控，以提供供应链冲击和压力源的提前通知；改进供应链风险管理，改进供应链外部因素的风险管理；激发供应链敏捷性，支持在供应链冲击和压力下的生产激增能力和缩短交货期，以促进领导公司和供应商之间的合作。

11. 激活并加强先进制造业生态系统   实施建议包括：促进新业务的形成和增长；支持中小型制造商，确保其得到联邦项目和机构的支持；跨机构和联邦技术转移相关政策小组之间进行协调，以增加实验室研发的技术向应用于生产制造的可持续过渡；建立区域协作，加强技术和劳动力发展之间的联系，促进区域经济发展；继续利用政府的号召力，确保相关各方，特别是中小企业和服务不足的社区充分参与公私合作，为这类合作寻求更多的联邦拨款项目。

第二节　中国制造强国战略

当前，新一轮科技革命和产业变革与我国加快转变经济发展方式形成历史性交汇，国际产业分工格局正在重塑。从德国的"工业 4.0"、美国的"先进制造伙伴战略"到英国的"高价值战略"，全球主要制造业大国均在积极推动制造业转型升级，以智能制造为代表的先进制造已成为主要工业国家抢占国际制造业竞争制高点、寻求经济新增长点的共同选择。这对我国而言是极大的挑战，同时也是极大的机遇。我们必须紧紧抓住这一重大历史机遇，按照"四个全面"战略布局要求，实施制造强国战略，加强统筹规划和前瞻部署，力争通过努力，到新中国成立一百年时，把我国建设成为引领世界制造业发展的制造强国，为实现中华民族伟大复兴的中国梦打下坚实基础。

《中国制造 2025》，是我国实施制造强国战略第一个十年的行动纲领。

一、战略目标

《中国制造 2025》提出：立足国情，立足现实，力争通过"三步走"实现制造强国的战略目标。

第一步：力争用十年时间，迈入制造强国行列。到 2020 年，基本实现工业化，制造业大国地位进一步巩固，制造业信息化水平大幅提升。掌握一批重点领域关键核心技术，优势领域竞争力进一步增强，产品质量有较大提高。制造业数字化、网络化、智能化取得明显进展。重点行业单位工业增加值能耗、物耗及污染物排放明显下降。到2025年，制造业整体素质大幅提升，创新能力显著增强，全员劳动生产率明显提高，两化（工业化和信息化）融合迈上新台阶。重点行业单位工业增加值能耗、物耗及污染物排放达到世界先进水平。形成一批具有较强国际竞争力的跨国公司和产业集群，在全球产业分工和价值链中的地位明显提升。

第二步：到2035年，我国制造业整体达到世界制造强国阵营中等水平。创新能力大幅提升，重点领域发展取得重大突破，整体竞争力明显增强，优势行业形成全球创新引领能力，全面实现工业化。

第三步：新中国成立一百年时，制造业大国地位更加巩固，综合实力进入世界制造强国前列。制造业主要领域具有创新引领能力和明显竞争优势，建成全球领先的技术体系和产业体系。

二、技术支撑

瞄准新一代信息技术、高端装备、新材料、生物医药等战略重点，引导社会各类资源集聚，推动优势和战略产业快速发展。

（一）新一代信息技术产业

1. 集成电路及专用装备　着力提升集成电路设计水平，不断丰富知识产权（IP）和设计工具，突破关系国家信息与网络安全及电子整机产业发展的核心通用芯片，提升国产芯片的应用适配能力。掌握高密度封装及三维（3D）微组装技术，提升封装产业和测试的自主发展能力。形成关键制造装备供货能力。

2. 信息通信设备　掌握新型计算、高速互联、先进存储、体系化安全保障等核心技术，全面突破第五代移动通信（5G）技术、核心路由交换技术、超高速大容量智能光传输技术、"未来网络"核心技术和体系架构，积极推动量子计算、神经网络等发展。研发高端服务器、大容量存储、新型路由交换、新型智能终端、新一代基站、网络安全等设备，推动核心信息通信设备体系化发展与规模化应用。

3. 操作系统及工业软件　开发安全领域操作系统等工业基软件。突破智能设计与仿真及其工具、制造物联与服务、工业大数据处理等高端工业软件核心技术，开发自主可控的高端工业平台软件和重点领域应用软件，建立完善的工业软件集成标准与安全测评体系。推进自主工业软件体系化发展和产业化应用。

（二）高档数控机床和机器人

1. 高档数控机床　开发一批精密、高速、高效、柔性数控机床与基础制造装备及集成制造系统。加快高档数控机床、增材制造等前沿技术和装备的研发。以提升可靠性、精度保持性为重点，开发高档数控系统、伺服电机、轴承、光栅等主要功能部件及关键应用软件，加快实现产业化。加强用户工艺验证能力建设。

2. 机器人　围绕汽车、机械、电子、危险品制造、国防军工、化工、轻工等工业机器人、特种机器人，以及医疗健康、家庭服务、教育娱乐等服务机器人的应用需求，积极研发新产品，促进机器人标准化、模块化发展，扩大市场应用。突破机器人本体、减速器、伺服电机、控制器、传感器与驱动器等关键零部件及系统集成设计制造等技术瓶颈。

（三）航空航天装备

1. 航空装备　加快大型飞机研制，适时启动宽体客机研制，鼓励国际合作研制重型直升机；推进干支线飞机、直升机、无人机和通用飞机产业化。突破高推重比、先进涡桨（轴）发动机及大涵道比涡扇发动机技术，建立发动机自主发展工业体系。开发先进机载设备及系统，形成自主完整的航空产业链。

2. 航天装备　发展新一代运载火箭、重型运载器，提升进入空间能力。加快推进国家民用空间基础设施建设，发展新型卫星等空间平台与有效载荷、空天地宽带互联网系统，形成长期持续稳定的卫星遥感、通信、导航等空间信息服务能力。推动载人航天、月球探测工程，适度发展深空探测。推进航天技术转化与空间技术应用。

（四）海洋工程装备及高技术船舶

大力发展深海探测、资源开发利用、海上作业保障装备及其关键系统和专用设备。推动深海空间站、大型浮式结构物的开发和工程化。形成海洋工程装备综合试验、检测与鉴定能力，提高海洋开发利用水平。突破豪华邮轮设计建造技术，全面提升液化天然气船等高技术船舶国际竞争力，掌握重点配套设备集成化、智能化、模块化设计制造核心技术。

（五）先进轨道交通装备

加快新材料、新技术和新工艺的应用，重点突破体系化安全保障、节能环保、数字化智能化网络化技术，研制先进、可靠、适用的产品和轻量化、模块化、谱系化产品。研发新一代绿色智能、高速重载轨道交通装备系统，围绕系统全寿命周期，向用户提供整体解决方案，建立世界领先的现代轨道交通产业体系。

（六）节能与新能源汽车

继续支持电动汽车、燃料电池汽车发展，掌握汽车低碳化、信息化、智能化核心技术，提升动力电池、驱动电机、高效内燃机、先进变速器、轻量化材料、智能控制等核心技术的工程化和产业化能力，形成从关键零部件到整车的完整工业体系和创新体系，推动自主品牌节能与新能源汽车同国际先进水平接轨。

（七）电力装备

推动大型高效超净排放煤电机组产业化和示范应用，进一步提高超大容量水电机组、核电机组、重型燃气轮机制造水平。推进新能源和可再生能源装备、先进储能装置、智能电网用输变电及用户端设备发展。突破大功率电力电子器件、高温超导材料等关键元器件和材料的制造及应用技术，形成产业化能力。

（八）农机装备

重点发展粮、棉、油、糖等大宗粮食和战略性经济作物育、耕、种、管、收、运、储等主要生产过程使用的先进农机装备，加快发展大型拖拉机及其复式作业机具、大型高效联合收割机等高端农业装备及关键核心零部件。提高农机装备信息收集、智能决策和精准作业能力，推进形成面向农业生产的信息化整体解决方案。

（九）新材料

以特种金属功能材料、高性能结构材料、功能性高分子材料、特种无机非金属材料和先进复合材料为发展重点，加快研发先进熔炼、凝固成形、气相沉积、型材加工、高效合成等新材料制备关键技术装备，加强基础研究和体系建设，突破产业化制备瓶颈。积极发展军民共用特种新材料，加快技术双向转移转化，促进新材料产业军民融合发展。高度关注颠覆性新材料对传统材料的影响，做好超导材料、纳米材料、石墨烯、生物基材料等战略前沿材料提前布局和研制。加快基础材料升级换代。

（十）生物医药及高性能医疗器械

发展针对重大疾病的化学药、中药、生物技术药物新产品，重点包括新机制和新靶点化学药、抗体药物、抗体偶联药物、全新结构蛋白及多肽药物、新型疫苗、临床优势突出的创新中药及个性化治疗药物。提高医疗器械的创新能力和产业化水平，重点发展影像设备、医用机器人等高性能诊疗设备，全降解血管支架等高值医用耗材，可穿戴、远程诊疗等移动医疗产品。实现生物 3D 打印、诱导多能干细胞等新技术的突破和应用。

三、推进力度

2016 年 12 月 7 日，工信部在南京世界智能制造大会上正式发布了《智能制造发展规划（2016—2020 年）》（以下简称《规划》）。

《规划》提出，2025 年前，推进智能制造实施"两步走"战略：第一步，到 2020 年，智能制造发展基础和支撑能力明显增强，传统制造业重点领域基本实现数字化制造，有条件、有基础的重点产业智能转型取得明显进展；第二步，到 2025 年，智能制造支撑体系基本建立健全，重点产业初步实现智能转型。

《规划》提出的十大任务：一是加快智能制造装备发展，攻克关键技术装备，提高质量和可靠性，推进其在重点领域的集成应用；二是加强关键共性技术创新，突破一批关键共性技术，布局和积累一批核心知识产权；三是建设智能制造标准体系，开展标准研究与实验验证，加快标准制订和推广应用；四是构筑工业互联网基础，研发新型工业网络设备与系统、信息安全软硬件产品，构建试验验证平台，建立健全风险评估、检查和信息共享机制；五是加大智能制造试点示范推广力度，开展智能制造新模式试点示范，遴选智能制造标杆企业，不断总结经验和模式，在相关行业移植、推广；六是推动重点领域智能转型，在《中国制造 2025》十大重点领域试点建设数字化车间/智能工厂，在传统制造业推广应用数字化技术、系统集成技术、智能制造装备；七是促进中小企业智能化改造，引导中小企业推进自动化改造，建设云制造平台和服务平台；八是培育智能制造生态体系，加快培育一批系统解决方案供应商，大力发展龙头企业集团，做优做强一批"专精特"配套企业；九是推进区域智能制造协同发展，推进智能制造装备产业集群建设，加强基于互联网的区域间智能制造资源协同；十是打造智能制造人才队伍，健全人才培养计划，加强智能制造人才培训，建设智能制造实训基地，构建多层次的人才队伍。

《规划》还针对中国智能制造亟须突破关键共性技术这一现实难题，对加强关键共性技术创新作出了安排和部署：围绕感知、控制、决策和执行等智能功能的实现，针对智能制造关键技术装备、智能产品、重大成套装备、数字化车间/智能工厂的开发和应用，突破先进感知与测量、高精度运动控制、高可靠智能控制、建模与仿真、工业互联网安全等一批关键共性技术，研发智能制造相关的核心支撑软件，布局和积累一批核心知识产权，为实现制造装备和制造过程的智能化提供技术支撑。

第三节　智能制造推进难点与误区

一、智能制造推进难点问题

制造企业推进智能制造面临诸多难点问题，主要如下。

1. 概念纷繁复杂，技术领域众多　近几年来，从工业 4.0 的热潮开始，智能制造、CPS、工业互联网（平台）、企业上云、工业 APP、人工智能、工业大数据、数字工厂、数字经济、数字化转型、C2B（C2M）等概念接踵而至，让企业眼花缭乱、无所适从。智能制造涉及的技术非常多，例如云计算、边缘计算、RFID、工业机器人、机器视觉、立体仓库、AGV、虚拟现实/增强现实、增材制造、工业安全、时间敏感网络、深度学习、数字孪生、MBD、预测性维护等，让企业目不暇接。但如何具体应用这些技术，如何取得实效是许多企业还在探索的任务。

2. 缺乏成功案例   企业对于智能制造领域的相关技术缺乏实施经验，欠缺可以借鉴的成功案例，更缺乏专业人才。目前，制造企业已经存在 4 种类型的孤岛：信息化孤岛、自动化孤岛、信息系统与自动化系统之间的孤岛，以及正在出现"云孤岛"。同时，企业也缺乏统一的部门来系统规划和推进智能制造。在实际推进智能制造的过程中，不少企业仍然是"头痛医头，脚痛医脚"，缺乏章法。

3. 理想与现实差距大   推进智能制造，前景很美好。但是绝大多数制造企业利润率很低，缺乏自主资金投入。在"专项""示范""机器换人"等政策刺激下，一些国有企业和大型民营企业争取到各级政府给予的资金扶持，而中小企业只能自力更生。

4. 自动化、数字化还是智能化   在推进智能制造过程中，不少企业对于建立无人工厂、黑灯工厂跃跃欲试，认为这就是智能工厂。实际上，高度自动化是工业 3.0 的理念。一个真正的智能工厂，应该是精益、柔性、绿色、节能和数据驱动的，是能够适应多品种小批量生产模式的工厂。智能工厂不一定是无人工厂，而是少人化和人机协作的工厂，推进智能工厂绝不是简单地实现机器换人。

5. 数据采集与设备联网   企业要真正实现智能制造，必须进行生产、质量、设备状态和能耗等数据的自动采集，实现生产设备（机床、机器人）、检测设备、物流设备（AGV、自动化立库、叉车等）、动力设备、试验设备，以及工业移动终端的联网，没有这个基础，智能制造就是无源之水。现阶段很多制造企业还停留在单机自动化阶段。

6. 基础数据和管理基础缺失   无论是推进企业信息化、两化融合，还是进一步实现数字化转型，推进智能制造，基础数据的规范性和准确性都是必要条件。很多企业在实施 ERP，或者 ERP 升级换型的过程中，花费时间最多的就是基础数据的整理。企业管理的规范和业务流程的清晰，也是企业推进智能制造的"敲门砖"。但现实的情况是，一些企业的基础数据还没有理顺，甚至还存在多物一码、一物多码。这种情况下是难以取得实效的。

二、智能制造推进误区与对策

当前，还有很多制造企业存在关于"轻与重"的认识与实践中的误区。

误区一：重自动化，轻数字化   当前，制造企业面临着巨大的人力资源成本压力和招工难等问题，因此，很多离散制造企业积极进行生产线的自动化改造。一部分重复性较高的工位由企业提出工艺需求，选择非标自动化集成商提供专用的自动化设备，完成诸如拧螺丝、装配、焊接、打标、检测等特定工序，从而替代人工，实现少人化。但是，很多企业的自动化产线只能适应单一品种，柔性不强；另外，很多企业还是不能及时、准确地了解生产现场的实时状况，没有实现生产过程的可视化与透明化。流程制造企业的生产线普遍应用了自动化控制系统，但数字化技术的应用相对滞后，也存在与自动化系统脱节的问题。因此，企业在推进智能制造的过程中，一定要自动化与数字化并重，自动化是基础，通过数字技术的应用真正创造价值。

误区二：重单机自动化，轻系统柔性化   制造企业非常重视购买智能装备，不少企业还配备了上下料的工业机器人，但是往往还是单机自动化，生产过程中还需要人工搬运，导致产生了在制品库存，高端智能装备的设备综合效率较低。有少量领先企业已经开始应用柔性制造系统，实现了机加工和钣金加工的全自动、无人化地加工不同的零件。机加工 FMS 包括若干台加工中心、机器人去毛刺单元、清洗单元、轨道输送车等设备和控制软件，配备了立体货架，放置工件和工装，可以完成从粗到精的全自动加工；钣金加工的 FMS 则可以实现从钣金下料、冲孔、折弯到焊接等整个钣金制造工艺。

误区三：重局部改造，轻整体优化 很多企业十分注重对瓶颈工位或消耗人工较多的工位进行自动化改造，推进"机器换人"。这种方式虽然能够减少人工，提高单个工位的效率，但是对于提升生产线的整体效率意义不大，而且往往会将瓶颈工序转移到其他工位。

正确的方式是基于工业工程的理念，利用价值流图等方法，根据生产的产品类型、产量、批量、制造工艺、产能、生产节拍和在制品物流传输方式，对产线进行整体优化；同时，从实现自动化加工与装配的角度来对制造工艺进行优化，以降低自动化改造的难度，尽量满足多种变型产品的生产与装配。例如，一家集装箱制造企业在进行集装箱侧墙板和顶板生产时，通过工艺优化，将原来的平板剪断→罗拉成型→拼板点焊→自动焊接的工艺进行了优化，将原有纵向焊缝改成横向焊缝，工艺优化成先焊整板再进行成型，既减少了焊缝长度，又易于进行自动化改造，还成功实现了从钢材开卷到成型的多工序连续自动化。

误区四：重单元应用，轻系统集成 历经数十年的应用，制造企业应用的信息系统越来越多。很多企业往往是为了解决某一个或某一类问题，满足某个业务部门或者某个业务流程的需求而建设一套信息系统，缺乏整体规划，导致系统之间功能重叠、边界模糊、数据来源多样等问题。例如，某企业先导入了 ERP 系统，后来由于生产现场细化管理，导入了 MES，之后由于需要对仓库进行精细化管理，引入了 WMS，三个系统都有物料管理功能，由此带来一些单据需要在不同部门多个系统之中重复录入，同一个数据在不同系统之中多头管理，导致工作效率低、数据不一致等问题。各类信息系统越上越多，功能越来越复杂，但是信息孤岛林立，很多数据需从系统中导出、处理、再导入另一系统中，需要到多个系统进行查询，才能获取有效信息。数据变更时，不能及时从接收变更的源头系统传递到其他关联系统。企业的运营效率没有提升，甚至反而下降，投资回报率不高。

部分企业已经意识到此类问题，通过对业务和系统边界的划分，简化数据在不同系统之间传递的过程，实现数据的实时共享，保证数据的准确性，消除信息孤岛，为企业运营和经营分析提供统一、一致的数据源。企业应明确业务边界和系统功能边界，构建统一的系统集成方案，可以引入 MDM，在实施过程中实现各系统的数据集成和接口统一管理，避免数据断点、接口重复开发等问题。

制造企业必须改变"竖井式"的单元系统实施与应用模式，尽量避免软件系统功能重叠，导致重复投资等问题，使企业投资的数字化和自动化系统能够达到预期的成效。制造企业应将工业软件的应用与智能装备、数据采集、工控网络、工厂仿真、产线规划、AGV 和立体仓库等相关技术结合起来，进行智能制造整体规划，并在整体规划的指导下，进行单元系统的实施；同时，要顺应云计算、组件化、微服务的潮流，实现企业数字化系统架构的升级。

误区五：重建设，轻运维 制造企业在智能制造推进过程中，普遍存在重建设、轻运维的问题。在系统采购和实施阶段，企业会展开需求分析、系统评估、可行性分析和招标选型，重大项目高层领导也会参与决策过程中，投入大量的人力、物力和财力。但在系统上线以后，却缺乏持续的运维，应用软件多年不进行维护和升级，系统功能与实际业务流程的匹配度差距越来越大，系统价值难以发挥；自动化产线也存在不及时维护保养，故障率高等问题。例如，某企业应用了国际知名的 ERP 系统，但是上线七年，没有进行持续运维，而企业的经营模式、组织架构和业务流程发生了很大变化，导致 ERP 系统与企业的实际需求差距越来越大，业务部门意见很大；同时，ERP 系统的新版本与企业应用的老版本功能也有了很大差异，企业升级的成本几乎与重新购买相同，在老版本上做的二次开发模块也需要重新开发。

企业的发展是动态变化的，唯一的不变就是变。因此，企业在信息系统选型时，需要充分考虑系统的柔性化、平台化、可配置和可扩展；同时，企业也需要及时对系统进行维护升级，企业的 IT 团队要能够及时根据企业需求的变化，对信息系统进行重新配置，尽量减少语言级的二次开发。

误区六：重数字化设计，轻数字化仿真与优化　近年来，制造企业在产品研发（R&D）方面的投入持续增加，购买了三维 CAD、CAE 等软件，但是大部分企业还是重产品开发（development）、轻研究（research），主要是根据客户的订单需求进行产品设计，对于前沿技术的研究与探索不够。在系统应用方面，数字化设计软件应用十分广泛，部分企业已经延伸到数字化工艺，但是对于仿真技术的应用还停留在初级阶段，主要进行运动仿真、结构和流体仿真与验证，尚未实现仿真驱动设计、多物理场仿真分析与优化设计，仿真应用不成体系，缺乏对仿真规范、仿真流程、材料数据库的管理，仿真人员没有建立专门的组织，仿真软件的价值远未充分发挥。

在先进制造企业中，仿真已成为提升产品研发能力，改进制造工艺，提高产品性能和可靠性的重要手段。仿真技术也在不断创新，实现了实时仿真，仿真软件更加宜人化，数字化设计和仿真可以实现双向集成，也出现了针对特定产品（例如齿轮、轴承、动力电池、电机等）的设计与仿真分析一体化的软件系统。仿真技术的应用可以帮助企业减少实物试验，显著降低研发成本，成为企业提升创新能力的必然选择。在智能工厂建设方面，也可以利用工厂仿真软件，对设备和产线布局、工厂物流、人机工程和装配过程进行仿真。

误区七：重信息系统应用，轻数据价值体现和管理改善　很多制造企业在数字化转型的过程中已经应用了诸多信息系统，但系统应用的效果和发挥的价值却参差不齐。一方面，虽然企业信息系统的应用领域不断拓展，但企业对系统的数据本身缺乏分析，数据的价值未得到充分挖掘，难以支撑企业决策；另一方面，企业想借助信息系统去管理大部分的业务问题，但建设信息系统时，却忽略了企业本身需要进行管理改善，业务管理的规范和标准很不完备，造成系统的应用效果未达到预期。

一些优秀的制造企业在信息系统选型之前，除了必要的业务现状调研、需求分析等工作外，还会对企业的业务流程进行梳理和优化，包括营销模式、研发过程管控、生产运营体系、物流供应体系等，通过建立组织、完善制度、输出改善措施和行动细则，来支撑整个系统的建设，真正地做到"管理先行、业务驱动"。在应用系统的基础上，通过 BI 决策分析对数据内涵的价值进行挖掘和分析利用，对各类业务进行前瞻性预测及分析，并实现战略分解和运营监控，为企业各层级的决策提供有力支撑。图 2-1 为基于 BI 的决策支持系统框架。

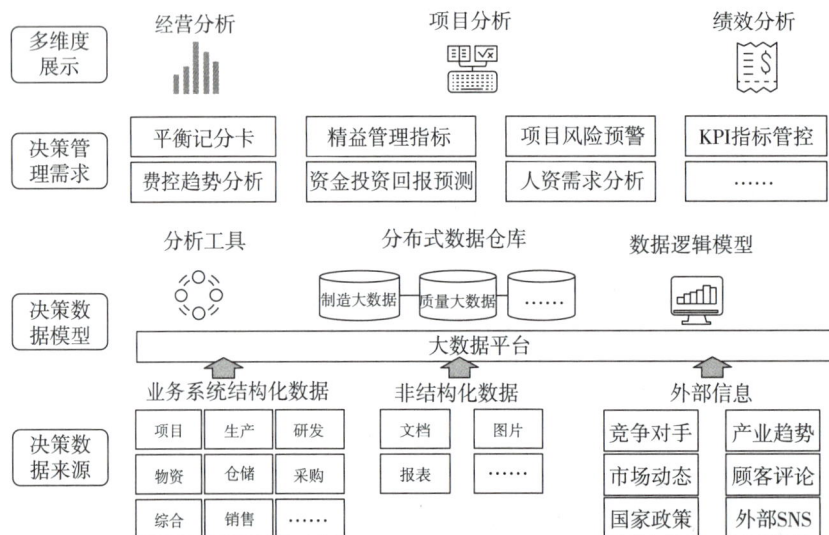

图 2-1　基于 BI 的决策支持系统框架

　　企业在推进智能制造的过程中，要做到信息系统应用与管理改善并重，通过推进业务管理的规范化、标准化，结合系统实施提升管理基础，使信息系统有效地支撑业务运行。在业务系统全面应用的前提下，对各类数据进行有效分析，充分挖掘数据价值，有效支撑决策。企业应当将组织和制度的完善与管理手段和信息系统进行匹配，对部门职责、岗位职责、管理模式、绩效考核体系和人员素质等方面进行持续改善，从而提升应用效果，发挥信息系统实施的预期价值。

　　误区八：重显示度，轻实用性　在国家大力推进智能制造的背景下，部分企业不惜重金打造出"豪华版"的智能工厂，各种智能装备和信息系统一应俱全，包括知名品牌的 BI、ERP、PLM、MES、SRM、ESB、生产及物流仿真系统、自动立体仓库、AGV、自动化产线、生产指挥中心等，建立了专门的智能制造展厅、车间现场的参观通道、示范生产线等，很有显示度。但是，在实用性方面却明显不足。例如：生产线建设未考虑实际市场需求，导致重复建设、设备闲置，产能利用不充分；自动立体仓库的建设对于场地位置布局、物料的分类管理、物料外包装设计、物料标识、存取分拣等环节考虑不足，导致自动立体仓库效率低下；AGV 的应用对于搬运频次、搬运路径与仓库及生产现场的协同等方面的考虑存在不足，导致 AGV 无法实际应用；生产指挥中心图表及数据对于生产现场的掌控及指导性不足、实时性不够；生产及物流仿真应用与实际脱节，对于多产品的混线生产适应性不足等。最为明显的是，不少企业不惜花重金建立了大屏幕生产指挥中心，平常却没人看，更多的只是用于参观。对于生产状态的预警和报警等关键信息，没有实现根据管理者的角色推送到移动终端。

　　推进智能制造必须注重实效。某家知名企业在精益生产理念的主导下，通过 5 年时间，先后实现20多个关键工序的自动化生产，有针对性地解决了产品质量不稳定、生产效率低下等痛点问题；通过引进 AGV 自动小车，对主要的流水线实行自动配送；引进机器视觉技术，对机构的零部件装配、产品关键质量控制点等进行自动影像检测，提升质检效率；通过 MES 应用，实现了生产的透明化、规范化与无纸化管理，结合条码、RFID 等工具，实现质量可追溯，保证产品的可靠性；通过虚拟仿真系统，建立了与物理工厂完全匹配的数字化工厂，实时监控物理工厂运转状态；通过 SCADA 系统实现对设备、环境、能源等数据的实时采集，实现了数字化与自动化系统的融合；通过生产调度指挥中心，生产指标实时反馈，异常实时处理，实现了生产组织的扁平化管理。

　　因此，企业在推进智能制造的过程中，一定要明确自身的短板及需要解决的关键问题，制定合理的规划及实施计划，分期分重点，选择合适的技术、系统、设备和团队解决企业的痛点问题。

　　总之，推进智能制造是一个长期而复杂的过程，涉及多个领域的技术，技术本身也在不断创新和发展，因此，不仅需要系统地进行规划，在规划落地执行过程中，也要根据企业的实际经营状况制定滚动规划；制造企业必须本着务实求真的态度，既要考虑系统的先进性，更要考虑实用性；制造企业既要建设好自身的专业团队，又要适时引入专业的咨询服务机构和数字化、自动化解决方案提供商作为战略合作伙伴。只有这样，才能成功达到智能制造的"彼岸"。

第四节　不同行业推进智能制造的特点

　　制造业各行业具有比较强的行业特征，不同行业企业推进智能制造存在差异。表 2－1 总结了不同行业推进智能制造的特点。

表 2 - 1　不同行业推进智能制造的特点

行业	推进智能制造的特点	行业	推进智能制造的特点
电子	产品数字化创新 品质和良率管控 质量和物料追溯体系 柔性化生产 供应链协同	机械装备	智能化产品研发和生产 敏捷制造、柔性生产 产品远程运维、故障诊断和预测等 生产模式创新 商业模式创新
汽车 整车	整车制造过程自动化、智能化 自动化柔性生产 研发设计创新、高效 整车产品智能化 采购与配送的供应链协同	汽车零部件	制造过程自动化、智能化 数字化设计和仿真软件应用 与整车厂设计、采购、供应链的协同 零部件产品智能化 产品全生命周期追溯
食品 饮料	个性化定制生产 基于消费数据进行新产品研发、生产预测 产品品质全程可追溯 配送环节供应链协同	钢铁冶金	关键工艺设备智能控制 生产过程多目标仿真、优化与预测 核心装备智能故障诊断 高效的能源管控 安全生产实时监控和预警
石油 化工	关键工艺设备智能控制 制造流程多目标优化 核心装备智能故障诊断 生产环境实时监控和预警 半成品/产成品质量在线检测	医药	生产过程全自动化 质量和批次一致性管控 产品质量全生命周期追溯 满足合规性要求

流程生产行业主要是通过对原材料进行混合、分离、粉碎、加热等物理或化学方法，使原材料增值。典型的流程生产行业有医药、钢铁、水泥、食品饮料等。流程型制造企业智能制造推进的主要特点与重点是通过持续改进，实现生产过程动态优化，制造和管理信息的全程可视化，企业在资源配置、工艺优化、过程控制、产业链管理、节能减排及安全生产等方面的智能化水平显著提升。

离散制造行业主要是通过对原材料物理性状的改变，将其组装成为产品，使其增值。典型的离散制造行业有机械、电子、电器、汽车、航空等。离散制造行业企业智能制造推进的主要特点与重点是通过持续改进，实现企业设计、工艺、制造、管理、物流等环节的集成优化，推进企业数字化设计、装备智能化升级、工艺流程优化、精益生产、可视化管理、质量控制与追溯、智能物流等方面的快速提升。

具体到流程生产和离散制造的细分行业，每个行业的智能制造建设特点仍然有所不同。

一、电子行业

产品迭代快、技术发展快，行业企业需要不断开展新产品研发和创新；对产品一致性和可靠性要求高，注重产品质量异常检测和回溯分析；建立质量和物料追溯体系，实施对原料供应商、操作设备、工序、关键工艺参数、生产日期等过程信息追溯；推进企业内部供应链协同，实现精准配货、库存动态调整，推进上下游企业间协同，优化供应链资源配置。消费类电子产品会更加关注市场端需求变化，加强对需求的分析和预测，打造柔性生产模式，实现不同产品线快速切换。

二、机械装备行业

机械装备行业企业注重将设计仿真工具、拓扑技术、增材制造等应用于产品自身的研发创新，加强高端化、智能化、轻量化等类型产品研制；对产线进行智能化改造，提高生产自动化、柔性化生产水平；加强注重产品体验，并从产品制造向服务升级转变，以拓展新的业务模式，探索新的商业模式。部分工程机械行业企业为适应全球市场多样化的客户群体，开展远程定制、异地设计、就地生产的新型生产模式。

三、汽车行业

1. 整车行业　汽车整车行业企业开展个性定制化车型的生产及开发，满足消费者多元化需求；自动化柔性生产线自行适应实时环境变化及客户个性化需求，实现多种车型混线生产；应用数控机床、工业机器人、自动装配线、自动驾驶小车等智能装备提升产品装配自动化、物流自动化水平；加速新型传感器、智能控制、无线通信技术、先进驾驶辅助技术等在整车中的应用，推动智能网联汽车的研发设计。

2. 零部件行业　汽车零部件行业企业应用工业机器人、协作机器人、数控机床等智能装备提升产线自动化水平，提高生产线柔性化程度，提升产品质量；借助数字化建模、仿真软件和技术实现零部件、工装模具的原发性创新设计，缩短研发周期，降低研发成本，提高国内核心零部件产业链自主化程度；加强与汽车整车厂高效的业务协同、计划协同和物流协同，及时响应整车厂的采购及供应需求；推进以智能座舱为代表的智能化产品研发生产。

四、食品饮料行业

食品饮料行业的核心是满足用户体验和需求，为达到此目的，企业一方面通过实现从原料、生产、配送到货架的产品全程追踪追溯，满足严格的食品安全和质量的要求；另一方面，开展基于消费数据的产品研发和智能生产，通过对消费数据的分析和挖掘，加快新产品研发设计，结合柔性化生产、智能化物流配送，支持小批量大规模定制化生产模式，满足用户多元化、个性化需求。

五、钢铁冶金和石油化工行业

钢铁冶金行业和石油化工行业均是连续性生产，对设备运行情况监控、质量管控以及生产安全要求比较高，因此行业企业在关键工艺环节普遍应用智能化装备，对生产过程进行智能控制；采集核心装备的关键数据，开展设备故障诊断分析、预测预警分析，保证生产的稳定性和连续性；开展关键工序环境监测、关键工艺参数监测，对隐患进行预警预测，保障生产的安全性；对生产过程中的半成品、成品进行在线检测，通过质量分析结果，开展质量分析，并反馈到生产控制环节。钢铁冶金行业涉及高温高压等复杂化学反应，不确定性因素比较多，对生产过程满足多参数目标进行仿真、优化与预测需求比较强。化工行业企业根据多投入、多产出的生产特性，比较重视利用生产仿真进行制造流程多目标优化，提高产能利用率。

六、制药行业

制药行业企业应用全过程的自动化生产线，提高生产设备的自动化水平，提高自动控制系统的应用水平，尽量减少和取代人工干预；针对生产过程管理、质量控制，对环境指标、质量指标进行实时在线监测和控制，保障药品生产质量和批次的一致性；开展全流程电子批次记录，以满足合规性要求。

目标检测

1. 从各国智能制造战略分析，你觉得当下最重要的是什么？

2. 针对教材中分析的智能制造推进难点与误区，你能想出什么样的对策？

3. 结合你将来想要从事的行业，谈谈你对该行业推进智能制造的理解。

第三章　智能制造装备

学习目标

1. **掌握**　智能制造装备类别。
2. **熟悉**　数控机床、工业机器人、增材制造、智能车间与智能工厂、智能物流与仓储装备等概念。
3. **了解**　国内外智能制造装备发展现状与趋势。
4. 能够说出智能制造装备典型应用场景。

第一节　高档数控机床

机床是用来制造机器的母机，是装备制造业的基础设备，这是机床区别于其他装备的重要特点。机床的技术水平（如加工能力、加工精度、可靠性等）直接影响工程机械、军工装备、电力设备，以及汽车、船舶、铁路机车等交通运输设备的质量，因而在国民经济现代化的建设中起着举足轻重的作用。

一、数控机床的重要性

数控机床（computer numerical control machine tools）是一种装有程序控制系统的自动化机床。程序控制系统能够逻辑地处理具有控制编码或其他符号指令规定的程序，并将其译码，用代码化的数字表示，通过信息载体输入数控装置，经运算处理，由数控装置发出各种控制信号，控制机床的动作，按图纸要求的形状和尺寸自动地将零件加工出来。数控机床相较普通机床具有加工精度高、可加工形状复杂、自动化程度高、加工柔性高、加工效率高等优势。高档数控机床，是指具有高速、精密、智能、复合、多轴联动、网络通信等功能的数控机床。高档数控机床作为世界先进机床设备的代表，其发展象征着一个国家目前机床制造业的发展水平，国际上也把五轴联动数控机床等高档数控机床技术作为衡量一个国家工业化的重要标志

制造业是推动国家经济发展的重要行业，而数控机床，尤其是高档数控机床则是现代制造业的关键装备，其发展一直受到我国的高度重视。为指明《中国制造2025》十大重点领域的发展方向，国家制造强国建设战略咨询委员会编制了《＜中国制造2025＞重点领域技术路线图》，其中列举了高档数控机床发展重点，包括以电子信息设备加工装备、航空航天装备大型结构件制造与装配装备等为代表的重点产品、高档数控系统；以高速电主轴和多轴联动主轴头等为代表的高性能功能部件；以数字化协同设计、3D/4D全制造流程仿真技术和复杂型面、难加工材料高效加工及成形技术等为代表的关键共性技术等。

二、我国数控机床的发展现状

数控机床包括数控金属切削机床、数控金属成型机床、数控特种加工机床、加工中心等，上游原材

料及零部件包括机床主体零部件、功能部件、电气元件、数控系统等，下游广泛用于汽车、通用设备、模具、自动化装备、电子设备、船舶、航空等多个行业。

我国铸件、轴承等传统机械产业发展成熟，工艺技术水平较高，给数控机床产业发展提供了良好的支持，但高端领域数控系统等精密部件领域与国外领先经济体仍有差距，进口依赖度较高。高档数控系统价值占高端数控机床成本的20%～40%，在核心零部件领域缺乏价格话语权，相关企业生产成本居高不下，企业盈利能力受到较大影响。

2018年以来，我国经济步入新常态阶段，经济由过去粗放式高增长逐步转向高质量发展阶段，制造业转型升级加速。但从制造业细分产业看，计算机、电气机械、专用设备等行业均表现出超强韧性，除通用设备制造业工业增加值同比略有下降，其他相关细分产业均呈现增长态势。中国机床产业规模达千亿，是全球最大的产销市场。

近几年，数控机床的发展已突破一系列关键核心技术，并形成了一批标志性的产品，如航空设备领域的800MN大型模锻压机、120MN铝合金板张力拉伸机等重型锻压设备，汽车制造领域的大型快速高效数控全自动冲压生产线，核电设备领域的超重型数控立式车铣复合加工机床、数控重型桥式龙门五轴联动车铣复合机床、超重型数控落地铣镗床、超重型数控卧式镗车床、专用数控轴向轮槽铣床等。

三、数控机床的发展趋势

智能数控机床是高档数控机床的一个发展趋势，美国国家标准与技术研究院（National Institute of Standards and Technology，NIST）认为智能数控机床应该具备：①能够感知自身状态和加工能力并进行自我标定的能力；②能够监视和优化加工行为的能力；③能够对工件的加工质量进行评估的能力；④能够自我学习。瑞士Mikron公司则强调智能数控机床与人之间的互动通信，他们认为智能数控机床应该能够将加工信息提供给操作人员，并提供各种工具辅助操作人员优化加工过程。智能数控机床的关键是智能的数控系统，数控系统的智能化程度直接决定了数控机床的智能化程度。

智能数控系统一般需要具备以下几类功能。

1. 执行复杂加工任务的功能　包括对复杂加工运动的控制，如五轴加工、复合加工等，以及对并行加工任务的控制。

2. 智能选择加工参数的功能　即系统能够通过对机床、加工工件等进行数据采集，建立模型，以及利用仿真分析对进给速度、吃刀量、切削力和切削角度等加工参数的选择进行优化。

3. 监测、补偿与诊断的功能　即系统能够对加工工件、刀具、主轴等在加工过程中的状态进行监测，通过对检测到的数据进行分析，判断当前和预测未来的加工状况，并动态地对加工参数进行调整，针对加工误差进行动态补偿，以及对加工过程中出现的或将有可能出现的异常情况进行警告和诊断。

4. 刀具管控的功能　包括刀具寿命管理与刀具破损管理。

5. 通信功能以及人机交互的功能　智能数控系统上述功能的实现离不开软硬件技术的支持，硬件方面的典型技术包括智能传感技术、网络通信与现场总线技术等，软件技术方面则需要完善的系统体系架构以及高效的算法来实现大量数据的采集、传输、处理与分析。

第二节　工业机器人

1954年，美国人乔治·C. 德沃尔（George C. Devol）申请了"可编程关节式转移物料装置"的专利，并与约瑟夫·F. 恩格尔伯格（Joseph F. Engel berger）合作成立世界上第一个机器人公司Unimation，研发出世界上第一台工业机器人Unimate。在此之后的几十年间，工业机器人不仅改变了汽车制造业，也拓展到其他制造业和非制造业，经历了摇篮阶段到实用阶段。随着计算机技术的进步和深入，机器人逐渐向着多传感器智能控制方向发展。

一、工业机器人的组成与分类

（一）工业机器人的定义

在工业领域内应用的机器人，称为工业机器人。工业机器人，是集机械、电子、控制、计算机、传感器、人工智能等多学科先进技术于一体的机电一体化设备，被称为工业自动化的三大支持技术之一。世界各国对工业机器人的定义不尽相同，且随着机器人技术的不断发展，内涵的逐渐丰富，工业机器人的定义也在随之变化。

美国工业机器人协会（RIA）、日本工业机器人协会（JIRA）、德国工程师协会（VDI）以及国际标准化组织（ISO）等都对工业机器人做出过定义。目前多采用的是 ISO 对工业机器人的定义："工业机器人是一种能自动控制、可重复编程，多功能、多自由度的操作机，能搬运材料、工件或操持工具，来完成各种作业。"我国现行的推荐性国家标准 GB/T 12643—2013《机器人与机器人装备词汇》，等同采用了国际标准化组织的 ISO 8373：2012 标准，沿用了 ISO 对工业机器人的定义。

（二）工业机器人的组成

工业机器人由执行机构（机座、手臂）、控制系统、驱动系统（如液压缸、电机等）、检测系统四大部分构成（图 3-1）。这四部分之间的运作关系如图 3-2 所示，由控制系统传达信号到驱动系统，驱动执行装置动作，检测系统监控执行装置的执行结果，并反馈回控制系统，及时调整控制信号。

1. 执行机构　是具有和人手臂相似的动作功能，可在空间抓放物体或执行其他操作的机械装置，通常包括机座、手臂、手腕和末端执行器。

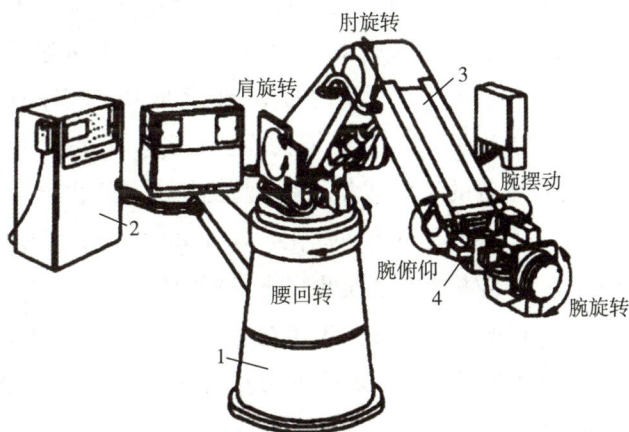

图 3-1　工业机器人的组成

1. 机座；2. 控制系统；3. 手臂；4. 腕部

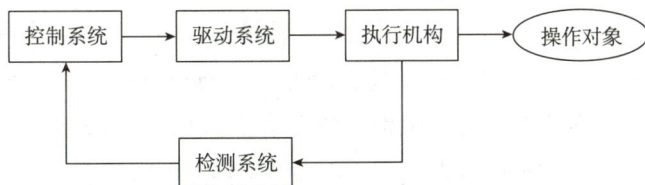

图 3-2　工业机器人各部分的关系

2. 控制系统 是机器人的大脑，支配机器人按规定的程序运动，并记忆动作顺序、运动轨迹、运动速度等指令信息，以实现重复运动。

3. 驱动系统 是将控制系统发出的控制指令信号放大，驱动执行机构运动的传动装置。常见的驱动系统有电气、液压、气动和机械等方式。

4. 检测系统 主要检测执行系统的运动位置和状态，并实时将实际位置、状态信息反馈给控制系统，控制系统将其与设定值进行比较，实时调整发送给驱动系统的指令，使得执行系统达到设定位置和状态。检测系统通常是各种传感器。

（三）工业机器人的分类

工业机器人有多种分类方式：①按照程序输入方式划分，可分为编程输入型和示教输入型两类；②按照驱动方式划分，可分为液压驱动、气压驱动、电气驱动等类型；③按照机械结构划分，可划分为串联机器人、并联机器人、串并混联机器人；④按照运动坐标形式划分，可分为圆柱坐标型机器人、球坐标型机器人、直角坐标型机器人、多关节型机器人、平面关节型（SCARA）机器人等五种；⑤按照应用领域划分，可分为焊接机器人、装配机器人、搬运机器人、码垛机器人、上下料机器人、包装机器人、喷涂机器人、切割机器人等；⑥按照负载来划分，可分为小型负载机器人（负载小于20kg）、中型负载机器人（负载介于20~100kg之间）和大型负载机器人（负载大于100kg）。

二、工业机器人的发展趋势

工业机器人具有可编程、拟人化、通用性、机电一体化等特征。可编程，是指工业机器人可以随着其工作环境变化的需要进行再编程，因此，它在小批量、多品种的柔性制造过程中扮演重要角色，可发挥均衡、高效率的功用与价值，是柔性制造系统的重要组成部分之一。拟人化，是指工业机器人在机械结构上有类似于人体的行走、腰转等动作，以及大臂、小臂、手腕、手爪等部位。通用性，是指除了专门设计的工业机器人外，一般工业机器人在执行不同的作业任务时具有较好的通用性，例如，更换工业机器人末端执行器（手爪、工具等）便可以执行不同的作业任务。机电一体化，是指工业机器人实现了机械技术、微电子技术、信息技术等的有机结合，是典型的机电一体化产品。

工业机器人在制造业中的优势，主要体现为自动化、高效率和安全性。随着工业机器人在现代制造业发展过程中的价值越来越突出，工业机器人正呈现以下发展趋势。

1. 工业机器人走向智能化 工业机器人的发展可分为三个阶段，即从第一代的示教再现机器人（通过示教存储信息，工作时读出这些信息，向执行机构发出指令，执行机构按指令再现示教的操作，广泛应用于焊接、上下料、喷漆和搬运等），到带有简单感觉系统的机器人（带有视觉、触觉等功能，可以完成检测、装配、环境探测等作业），再到智能机器人（不仅具备感觉功能，而且能在无人指令的情况下，根据所处环境自行决策，规划出行动）。

目前，在工业中应用的机器人绝大部分都不智能。因此，智能化是未来工业机器人的主要发展方向。在操作臂技术上，将向着提高功率密度、通用性、轻量化、多自由度、多种材料、仿人体结构、高负重与自重比及一体化机构的方向发展。在传感与感知上，通过采用识别、跟踪、力觉、视觉等传感器，实现对各种外部环境、复杂作业的自主识别。在安全技术上，工业机器人由单机时代的自身安全，进化到物联网时代的网络安全。在导航技术上，工业移动机器人向多模态、室外及无标识自然导航方向发展。

2. 工业机器人由单机走向多机协同 目前工业机器人的应用仍以单机自动化为主，但在一些应用场景环节已实现多机器人的协同应用。例如，在汽车行业的车身喷涂、焊接等场景，往往一个工位上需要有多台机器人协同工作，与此同时，工业机器人主流厂商也针对这些场景推出了多机器人协同应用解决方案。以安川电机为例，在 2020 年中国国际工业博览会上，安川电机就展示了商用车白车身焊接及喷涂工位的多机器人协同应用。其中，在商用车白车身喷涂工位，安川电机展示了利用喷涂机器人、开门机器人等四款不同的机器人共同完成车身的喷涂作业；而在商用车白车身的焊接工位，同样是在一个工位内配置多种类型的机器人，完成搬运、点焊以及弧焊作业。而为了实现高效的生产，工业机器人多机协同作业将会有更多应用。

3. 传统工业机器人将走向人机共融 传统工业机器人的感知能力较弱，只能在稳定的环境中工作，也就是主要在结构化环境中执行各类确定性任务，否则就容易出错甚至伤人毁物。为克服上述不足、有效扩展和延伸人类能力，共融机器人应运而生，并代表了未来工业机器人的发展方向。所谓共融机器人，是指能与作业环境、人、其他机器人自然交互，自主适应复杂动态环境并协同作业的机器人。"共融"具体包含机器人与环境的自然交互、机器人之间的互助互补、机器人与人之间的协同作业三层含义。而为实现以上与环境，与其他机器人，与人类共存、共事、共融的目标，机器人需要在"身体""感知""意识"上进行革新。

4. 复合式工业机器人成趋势 为了满足更多样的应用场景，如今除了工业机器人单体之外，还出现了许多复合式工业机器人，例如桁架式机械手、轨道式机器人、移动协作机器人（AMR/AGV + 协作机器人）等，用于工业机器人移动式操作的场景。如 KUKA 线性滑轨机器人和 KUKA 移动机器人 LBR iiwa。线性滑轨相当于给工业机器人又添加了一个轴，从而增大了工业机器人的工作空间，而在同一个线性滑轨上，通常可以使用多个机器人。轻型机器人 LBR iiwa 为灵敏型工业机器人技术开创了新的纪元——前景广阔的新型生产流程：实现人类与机器人之间的直接合作，以完成高灵敏度需求的任务。因此，形成新的工作区域可以提高经济效益，并且达到很高效率。

5. 工业机器人应用行业与场景不断延伸拓展 世界第一台工业机器人应用于汽车行业，直至目前，汽车工业仍然是工业机器人最大的应用市场，也是标准最高、使用密度最高的市场。但与此同时，工业机器人也正在向一般工业拓展，应用场景不断深化。在行业应用上，工业机器人已迅速拓展到 3C 电子、金属加工、医疗、烟草、物流、食品、制药、塑料、橡胶、化工等行业。在具体应用场景上，工业机器人的应用包括焊接、喷涂、打磨、涂胶、上下料、去毛刺、搬运、装配、分拣、包装、检测等。

6. 云化机器人及工业机器人云平台兴起 在智能制造生产场景中，需要工业机器人有自组织和协同的能力来满足柔性生产，这就带来了云化机器人（机器人大脑在云端）及工业机器人云平台的需求。和传统机器人相比，云化机器人需要通过网络连接到云端的控制中心，基于超高计算能力的平台，并通过大数据和人工智能对生产制造过程进行实时运算控制。未来，随着 5G、AI、云计算等技术的发展成熟，云化机器人及工业机器人云平台或将成为新一轮的发展热点。

三、全球工业机器人产业与市场纵览

从美国发明家约瑟夫 F. 恩格尔伯格利用乔治·C. 德沃尔所授权的专利技术，研发出世界上第一台工业机器人 Unimate，并于 1961 应用于通用汽车的生产线开始，在半个多世纪的发展历程里，工业机器人的应用范围已遍及制造业的各个细分领域，并发展为一项重要产业。

从产业链角度来看，工业机器人产业可分为上游核心零部件、中游本体制造和下游应用（系统集成）三大核心环节。

1. 上游核心零部件 工业机器人产业链上游主要为伺服系统、减速器、控制器等核心零部件，以及齿轮、涡轮、蜗杆等关键材料。其中，减速器、伺服系统（包括伺服电机和伺服驱动）及控制器是工业机器人的三大核心零部件，直接决定工业机器人的性能、可靠性和负荷能力，对机器人整机起着至关重要的作用。工业机器人的三大核心零部件占机器人整机产品成本的70%左右。

（1）减速器　工业机器人在运动过程中，为保证其在重复执行相同动作时都能有很高的定位精度和重复定位精度，在每个运动的核心部件"关节"处都要用到减速器。作为技术壁垒最高的工业机器人关键零部件，减速器按结构不同可以分为五类：谐波齿轮减速器、摆线针轮行星减速器、RV减速器、精密行星减速器和滤波齿轮减速器。其中，RV减速器和谐波齿轮减速器是工业机器人最主流的精密减速器。相比于谐波齿轮减速器，RV减速器具有更高的刚度和回转精度。减速器在机械传动领域是连接动力源和执行机构的中间装置，它把电机高速运转的动力通过输入轴上的小齿轮啮合输出轴上的大齿轮，以达到减速的目的，并传递更大的转矩。表3-1是谐波齿轮减速器与RV减速器的对比。

表3-1　谐波齿轮减速器与RV减速器的对比

项目	RV减速器	谐波齿轮减速器
技术特点	通过多级减速实现传动，一般由行星齿轮减速器的前级和摆线针轮减速器的后级组成，组成的零部件较多	通过柔软的弹性变形传递运动，主要由柔轮、刚轮、波发生器三个核心零部件组成。与RV及其他精密减速器相比，谐波齿轮减速器使用的材料、体积及重量大幅度下降
产品性能	大体积、高负载能力、高刚度	体积小、传动比高、精密度高
应用场景	一般应用于多关节机器人中机座、大臂、肩部等重负载的位置	主要应用于机器人小臂、腕部或手部
终端应用领域	汽车、运输、港口码头等行业中常使用配有RV减速器的重负载机器人	3C、半导体、食品、注塑、模具、医疗等行业中常使用由谐波齿轮减速器组成的30kg负载以下机器人

（2）控制器　工业机器人控制器是机器人控制系统的核心大脑，是决定机器人功能和性能的主要因素，其主要任务是控制工业机器人在工作空间中的运动位置、姿态和轨迹、操作顺序及动作的时间等。控制器分硬件和软件两部分：硬件为工业控制板卡，包括一些主控单元、信号处理部分等电路；软件部分主要是控制算法、二次开发系统等。

一般成熟的机器人厂商会自行开发控制器，以维护技术体系，保证稳定性。国内大部分知名机器人本体制造公司也已实现控制器的自主生产，所采用的硬件平台与国外产品相比差距并不大，主要差距在于控制算法和二次开发平台的易用性。

（3）伺服电机　是工业机器人的动力系统，一般安装在机器人的"关节"处，是服从控制信号指挥的电机，其功能是将电信号转换成转轴的角位移或角速度。电机用于驱动机器人的关节，要求高转矩密度、低转矩脉动。

伺服电机系统分为交流伺服系统和直流伺服系统两大类。其中，交流伺服系统具有转矩转动惯量比高、无电刷、无换向火花等优点，应用更广泛。

2. 中游本体制造　工业机器人产业链中游是本体（整机）制造。工业机器人本体制造商负责工业机器人支柱、手臂、底座等部件与精密减速器等零部件生产加工组装及销售，具有有效整合上游零部件和下游系统集成商的入口能力。

工业机器人本体制造的技术主要体现在：①整机结构设计和加工工艺，重点解决机械防护、精度补偿、机械刚度优化等机械问题；②结合机械本体开发机器人专用运动学，动力学控制算法，实现机器人整机的各项性能指标；③针对行业和应用场景，开发机器人编程环境和工艺包，以满足机器人相关功能的需求。

3. 下游系统集成　工业机器人产业链下游是系统集成，主要面向终端用户及市场应用，根据不同的应用场景以及客户的需求，针对性地进行系统集成和软件二次开发。相较于机器人本体供应商，系统集成业务需要具有产品设计能力、对终端客户应用需求的工艺理解、相关项目经验等，提供可适应各种不同应用领域的标准化、个性化成套装备，是整个工业机器人产业链中必不可少的一个环节。与上游核心零部件、中游本体制造相比，下游系统集成的技术壁垒最低。

四、我国工业机器人产业与发展现状

与美国、日本等发达国家相比，我国工业机器人产业的发展起步较晚，直到20世纪70年代初才开始研制工业机器人，但属于"后来居上"，形成了从上游核心零部件生产，到中游工业机器人本体制造，再到下游工业机器人系统集成的全产业链自主生产与配套能力。这主要得益于我国作为全球最大的工业机器人消费市场，具有庞大的市场需求，使得近年来国产工业机器人厂商如雨后春笋般喷薄而出；另外，也得益于国产工业机器人骨干厂商在各自领域取得不同程度的技术突破。

值得一提的是，我国是继日本、韩国之后，全球第三个拥有工业机器人全产业链自主生产与配套能力的国家。反观全球工业机器人前五大消费国中的德国和美国，虽然工业机器人产业起步较我国早，但因为缺少某些核心零部件（如核心减速器），并没有形成完整的工业机器人产业链。

1. 外资工业机器人厂商纷纷加大对我国市场的投资力度　得益于我国稳定的市场环境与供应链体系，以及庞大的消费需求，外资工业机器人厂商普遍持续看好我国工业机器人市场，并纷纷加大对我国投资的力度。例如，ABB于上海新建的机器人"未来工厂"正在按计划推进，未来投产后将生产更适合我国场景的机器人；新时达位于上海的年产1万台套的机器人工厂已于2020年12月正式投产；上海发那科智能工厂三期项目也已于2020年12月正式开建。

2. 核心零部件取得技术突破，国产替代加速　长期以来，我国工业机器人零部件国产化覆盖率不高，精密传动技术更是由少数日本企业垄断。但随着核心零部件领域的国产厂商取得不同程度的技术突破，国产化进程正在加速。

（1）减速器方面　谐波齿轮减速器的国产化进程较快，目前已有一些国产厂商实现量产，各项主要性能指标已达到国际先进水平；RV减速器的国产化率还较低，但部分国产厂商也已实现批量销售。

（2）伺服系统方面　目前具备较大规模的伺服电机自主生产能力的国产厂商已超过20家。

（3）控制器方面　一些国产厂商在硬件制造方面已接近国际先进水平，只是在底层软件架构和核心控制算法上仍与国际品牌存在一定差距。

3. 中国市场崛起工业机器人新势力　在人工成本上升、政策推动刺激、企业主动求变等多重因素的驱动下，一方面，老牌工业机器人厂商不断发展壮大；另一方面，中国市场也崛起了不少工业机器人新势力。

4. 国产工业机器人骨干企业，国际化步伐加快　近年来，不少工业机器人企业进行了多次海外并购，在研发、技术、销售等跨领域协作方面与海外公司进行了深度资源共享和合作，进一步扩大海外市场的竞争实力和市场占有率，加速国际化进程。

5. 国产工业机器人集成商发展迅速　目前，中国市场工业机器人厂商已近5000家，而工业机器人系统集成商的数量最多，占比超过65%。这其中也涌现出了一批综合实力较强的工业机器人系统集成商。而且，随着制造企业数字化转型与智能制造需求的提升，这些工业机器人系统集成商也将成为智能工厂建设的中坚力量。

第三节　增材制造

自 20 世纪 80 年代中期光固化成型技术（stereo lithography appearance，SLA）发展以来，国内外已经出现十几种不同的增材制造成型技术。增材制造因其能快速制造出各种形态的结构组织，对传统的产品设计、工艺流程、生产线、工厂模式、产业链组合产生了深刻影响，已成为制造业最具代表性和最受关注的颠覆性技术之一。

一、增材制造的内涵

增材制造（additive manufacturing，AM）又被称作快速制造技术，是 20 世纪 80 年代发展起来的新制造技术，集成了 CAD、CAM、数控机床、新材料技术以及激光技术等多种先进技术。增材制造技术是采用材料堆积叠加的方法制造三维实体的技术，相对于传统的材料去除——切削加工技术，是一种"自下而上"的新型材料成型方法。基于不同的分类原则和理解方式，增材制造技术还有快速原型、快速成型、快速制造、3D 打印等多种称谓。

根据不同的原理，增材制造技术分为以下几大类。①以烧结和熔化为基本原理：选择性激光烧结（selective laser sintering，SLS）技术、选择性激光熔化（selective laser melting，SLM）技术、电子束熔化（electron beam melting，EBM）技术，主要材料是金属粉末和聚合混合粉末及金属丝。②光聚合成型技术增材制造：光固化成型技术（SLA）、连续液态界面制造（continuous liquid interface production，CLIP）、聚合物喷射（Poly Jet）、数字光处理（DLP），主要材料是光敏树脂。③以粉末–黏合剂为基本原理：三维打印（three dimensional printing，3DP）技术。④其他：熔融沉积成型（fused deposition modelling，FDM）、分层实体制造（laminated object manufacturing，LOM）、气溶胶打印（aerosol printing）技术、细胞 3D 打印（cell bio printing）。增材制造技术中的成型工艺见表 3 – 2。

表 3 – 2　增材制造技术中的成型工艺

各要点	SLA	SLS	LOM	FDM	SLM	EBM
形成原理	光固化	烧结	黏合	熔融	熔化	熔化
材料种类	光敏树脂	热塑性塑料/金属混合粉末	热塑性塑料	热塑性塑料	金属或合金	金属或合金
材料形态	液态	粉末或丝料	纸材	粉末或丝材	粉末	粉末
精度	高	一般	低	低	高	高
支撑	有	无	无	有	有	有
优点	技术成熟度高	材料种类多	成型速度快	无须激光器	功能键制造	效率高、稳定性较好
缺点	略有毒性	工件致密度差	材料浪费	成型速度慢	材料成本高、工件易变形	成本高、会产生 X 线

（一）SLS

SLS 主要是通过粉末在激光扫描作用下被逐层烧结堆积而成型。一般其烧结粉末的激光器分为两类：一类为烧结金属粉末所用的激光器，如 Nd：YAG 激光器；另一类为烧结非金属的激光器，如射频 CO_2 激光器。

SLS 的具体工艺流程如下：①利用 CAD 软件设计零件的三维 CAD 模型；②将建立好的模型保存为

立体光刻（stereo lithography，STL）格式，导入计算机的切片软件进行切片分层处理，生成激光扫描烧结路径，由控制模块控制打印机的光路扫描系统运动；③当预热温度达到指定值时，激光对工作缸上铺好的粉末进行扫描；④完成一层截面信息后，工作缸下降一个层厚，铺粉装置移动并在烧结平面铺上一个层厚，由计算机控制扫描系统进行再次烧结；⑤每一层烧结截面与上次烧结截面烧结固化在一起，经过层层堆积，最后完成整个模型的打印。

依据 SLS 的成型原理，凡是用烧结加热而使粉末黏结在一起的物体均能实现 SLS 打印，因此决定了 SLS 选材范围十分广泛，包括尼龙、聚苯乙烯等聚合物，铁、钛、合金等金属，以及陶瓷、覆膜砂等。由于 SLS 技术并不完全熔化粉末，而仅是将其烧结，因此制造速度快，成型效率高。由于未烧结的粉末可以对模型的空腔和悬臂部分起支撑作用，所以不必另外设计支撑结构。

同时，由于 SLS 所用的材料差别较大，有时需要比较复杂的辅助工艺，如需要对原料进行长时间的预处理（如加热），对成品表面进行粉末清理等。SLS 成型金属零件的原理是低熔点粉末黏结高熔点粉末，导致制件的孔隙度高，机械性能差，特别是延伸率很低，很少能够直接应用于金属功能零件的制造。

（二）SLM

SLM 是在 SLS 技术的基础上发展起来的。相比于 SLS 技术，SLM 技术成型是利用高能激光束直接熔化金属粉末，一层一层地选区熔化堆积，成型零件致密度高，抗拉强度等机械性能指标比较高。

SLM 的具体工艺流程如下：①利用 CAD 软件设计零件的三维 CAD 模型；②对三维 CAD 模型进行切片离散和扫描路径规划；③将处理好的三维数据模型导入 SLM 成型设备中；④计算机逐层调入切片信息，通过扫描振镜引导高能激光束选择性地熔化金属粉末，完成一层零件的加工；⑤粉料缸上升一个切片厚度，成型缸下降一个切片层厚，铺粉车将金属粉末从粉料缸均匀地铺到成型缸上；⑥重复上述④和⑤过程，直到零件加工完成；⑦将成型好的零件从成型基板上取下，按需对其进行后处理工艺（图 3-3）。

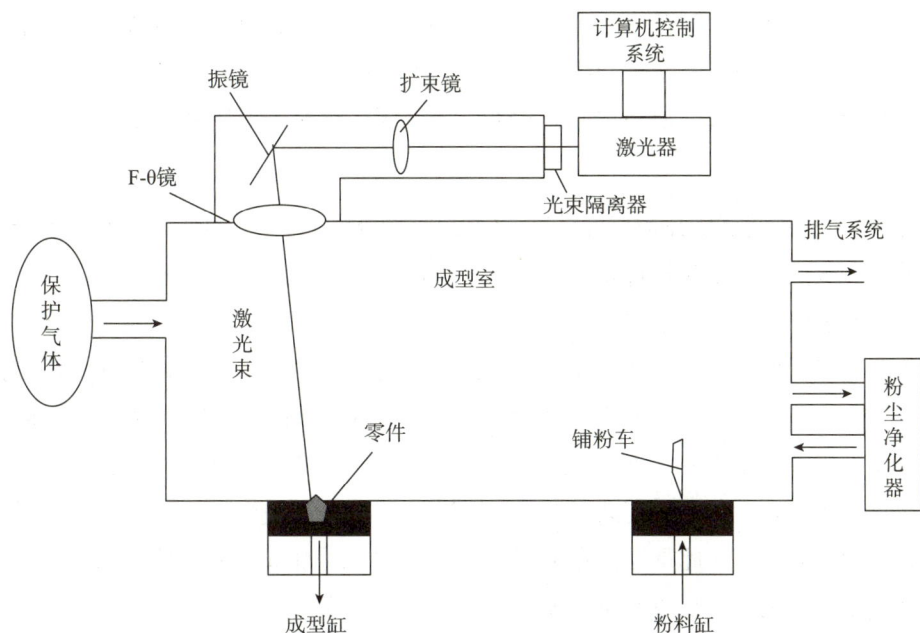

图 3-3 SLM 工艺原理示意图

SLM 的成型材料包括不锈钢、钛合金、铝合金、镍基高温合金等多种金属材料。SLM 适合于加工成型复杂形状的零件结构，尤其是具有个性化需求或复杂内腔结构的零件，一般为单件或小批量生产。成型件的显微维氏硬度（表示材料硬度的一种标准）可高于锻件；在打印过程中材料完全融化，因此尺寸精度较高。同时，由于高能量激光束等性能要求，SLM 设备比较昂贵；且由于 SLM 技术的工艺较复杂，需要增加支撑结构，目前 SLM 多用于工业级的增材制造。此外，在 SLM 成型过程中会发生金属的瞬间熔化与凝固，形成很大的温度梯度，产生残余应力，影响成型件性能。

（三）EBM

EBM 通过电子束扫描，熔化粉末材料，逐层沉积制造成型件。由于电子束功率大、材料对电子束能量吸收率高，因此 EBM 技术具有效率高、热应力小等特点，适用于钛合金、钛铝基合金等高性能金属材料的成型制造。

EBM 的具体工艺流程如下：①利用 CAD 软件设计零件的三维 CAD 模型；②对三维 CAD 模型进行切片离散和扫描路径规划；③将处理好的三维数据模型导入 EBM 成型设备中；④预先在成型平台上铺展一层金属粉末，电子束在粉末层上进行扫描，选择性熔化粉末材料；⑤上一层成型完成后，成型平台下降一个粉末层厚度的高度，然后铺粉、扫描、选择性熔化；⑥重复步骤⑤和⑥，逐层沉积实现实体零件的成型。

目前，电子束熔化技术成型材料种类越来越多，包括钛合金、不锈钢、钴铬合金、镍基变形高温合金等，钛铝基合金，铁铝、锰铝等金属间化合物，纯铜，硬质合金以及镍基铸造高温合金等传统难加工材料。相对于使用较多的激光来说，电能转换为电子束的转换效率更高、反射小，材料对电子束能的吸收率更高。因此，电子束可以形成更高的熔池温度，成型一些高熔点材料甚至陶瓷。并且电子束熔化成型过程是在高真空环境下完成的，可以保护材料不受污染。加工过程能够保持适当的时效温度，成型件具有良好的形状稳定性和低残余应力的特性。但同时，该技术的成型设备需另配备抽真空系统，打印过程中会产生 X 射线，需要屏蔽射线装置等，这些均拉高了成型成本。

1995 年，麻省理工学院的 V. R. Dave、J. E. Matz 和 T. W. Eagar 等人提出利用电子束将金属粉末熔化进行三维零件快速成型的设想。2001 年，瑞典 Arcam AB 公司开发出电子束熔融成型技术并申请专利，实现商业化运作。在国内，清华大学于 2018 年推出了商业化产品 Q Beam Lab，西北有色金属研究院、北京航空制造工程研究所、上海交通大学等对 ESB 系统及工艺也在开展研究。

（四）SLA

SLA 主要是利用液态光敏树脂作为原材料，将其通过紫外激光束照射快速固化成型。SLA 通过特定波长与强度的紫外光聚焦到光固化材料表面，使之由点到线、由线到面逐步凝固，完成一个层截面的绘制工作，进而层层叠加，形成三维实体。

SLA 的具体工艺流程如下：①通过 CAD 软件设计出需要打印的模型，利用离散程序对模型进行切片处理，然后设置扫描路径，运用得到的数据进行控制激光扫描器和升降台；②在槽中盛满液态光敏树脂，可升降工作台处于液面下方一个截面层厚的高度，聚焦后的激光束在计算机控制下沿液面进行扫描，被扫描的区域树脂固化，从而得到该截面的一层树脂薄片；③升降工作台下降一个层厚距离，液体树脂在光线下再次扫描固化，如此重复，直到整个产品成型；④升降台升出液体树脂表面，取出工件，进行后处理，通过强光、电镀、喷漆或着色等处理得到最终产品。

SLA 是最早出现的快速原型制造工艺，成熟度高，加工速度快，无须切削工具与模具。但因其原材料为液态树脂，需密闭避光，对工作环境要求严格。SLA 成型原件多为树脂类，强度、刚度、耐热性都不太高。

光固化快速成型技术在世界范围内得到了广泛的应用，如在概念设计的交流、单件小批量精密铸造、产品模型、快速工模具及直接面向产品的模具等诸多方面，行业应用涉及汽车、航空、电子、消费品、娱乐以及医疗等。

（五）FDM

FDM 是由美国学者斯科特·克伦普（Scott Crump）于 1988 年研制成功的工艺。它是一种不使用激光器加工的方法。熔融沉积成型又可被称为熔丝成型（fused filament modeling，FFM）或熔丝制造（fused filament fabrication，FFF），其后两个不同名词主要是为了避开 FDM 专利问题，然而核心技术原理与应用其实均是相同的。FDM 是通过将丝状材料如热塑性塑料、蜡或金属的熔丝，从加热的喷嘴挤出，按照零件每一层的预定轨迹，以固定的速率进行熔体沉积。

FDM 的具体工艺流程图如下：①用 CAD 软件建构出物体的 3D 立体模型图，将物体模型图输入 FDM 的装置；②喷嘴根据模型图一层一层移动，同时 FDM 装置的加热头会注入热塑性材料；③材料被加热到半液体状态后，在计算机的控制下，喷嘴沿着模型图的表面移动，将热塑性材料挤压出来，在该层中凝固形成轮廓；④装置使用两种材料执行打印的工作，分别是用于构成成品的建模材料和用作支架的支撑材料，这两种材料透过喷嘴垂直升降，材料层层堆积凝固后，就能由下而上形成一个 3D 打印模型的实体；⑤剥除固定在零件或模型外部的支撑材料，或用特殊溶液溶解支撑材料。

与其他使用激光器的快速成型技术相比较而言，FDM 技术不使用激光，因此其制作成本相对较低。FDM 技术所使用的成型材料种类很多，包括 PLA、ABS、尼龙、石蜡、铸蜡、人造橡胶等熔点较低的材料，以及低熔点金属、陶瓷等丝材，可以用来制作金属材料的模型件，或 PLA 塑料、尼龙等零部件和产品。但由于丝材是在熔融状态下进行层层堆积，相邻截面轮廓层之间的黏结力较弱，因此成型件在厚度方向上结构强度较弱，表面粗糙度比较明显，成型速度比较慢。

（六）LOM

LOM 也称 LLM（layer laminate manufacturing），指的是分层实体成型法，是出现得比较早的 3D 打印技术之一。该工艺以纸片、塑料薄膜等片材为原材料，运用二氧化碳激光器将背面涂有热熔胶的纸片材切割出工件的内外轮廓，同时对非零件区域进行交叉切割，以便去除废料。

LOM 的具体工艺流程如下：①用 CAD 软件建构出物体的 3D 立体模型图，将物体模型图输入 FDM 的装置；②将涂有热熔胶的纸通过热压辊的碾压作用与前一层纸黏结在一起，然后让激光束按照对 CAD 模型分层处理后获得的截面轮廓数据，对当前层的纸进行截面轮廓扫描切割，切割出截面的对应轮廓，对当前层的非截面轮廓部分切割成网格状；③使工作台下降，将新的一层纸材铺在前一层的上面，再通过热压辊碾压，使当前层的纸与下面已切割的层黏结在一起，再次由激光束进行扫描切割；④重复步骤②和③，直至完成打印过程。

目前 LOM 技术能成熟使用的材料相比 FDM 设备要少很多，最成熟和常用的材料是涂有热敏胶的纤维纸。由于传统的 LOM 成型工艺的 CO_2 激光器成本高、原材料种类过少、纸张的强度偏弱且容易受潮等缺点，LOM 技术和设备研制公司很少。

表 3-3 总结了增材制造部分工艺情况，包括工艺的基本描述、面向的市场、所采用的材料种类、相关的代表企业等。从市场的角度来说，增材制造可用于样品原型制造、模具制造、直接零部件制造、零部件维护及修理等领域。对于不同的增材制造工艺，其适用的市场也有所区别。大部分工艺普遍应用于模型制造，而对于直接零部件制造、零部件维护及修理来说，需选用所对应的专用技术工艺。

表 3-3　增材制造部分工艺情况对比

技术分类	形成原理	市场	优点	缺点	材料种类	商业化企业
光固化	利用某种光源选择性地扫描液态材料，使之快速固化	航空航天、医药、微电子等	技术成熟度高、加工速度快	有些材料略有毒性，成型件耐热性有限不利于长时间保存	液态光敏树脂	3D Systems（美国）、DWS LAB（意大利）
选择性激光烧结	用热源烧结粉末材料，以逐层添加的方式成型三维零件	汽车、船舶、航天和航空等	无须支撑结构，材料利用率高，高精度	工件致密度差，表面粗糙	热塑性塑料/金属混合粉末	EOS（德国）、3D Systems（美国）、Phenix（法国）
选择性激光熔化	金属粉末在激光束的热作用下完全熔化，经冷却凝固而成型	汽车、传播、医疗、航天和航空等	适合各种复杂形状的工件、致密度可达100%，高精度，表面光滑，可使用单一金属粉末	材料成本高，成型效率低，无法制作大尺寸零件	金属粉末	Concept Laser（德国）、EOS（德国）、Renishaw（英国）、Phenix（法国）、SLM Solutions（德国）、Matsuura（日本）、3D Systems（美国）
电子束熔化	通过高能电子束，在真空条件下，实现粉末床中材料的选取、熔化与叠加	汽车、传播、医疗、航天和航空等	能力密度高，成型速度快，材料成本低	零件表面粗糙	金属粉末	Arcam（瑞典）
激光近净成型（LENS）	通过激光在沉积区域产生熔池，并持续熔化粉末材料，而逐层沉积生成三维结构	汽车、传播、航天和航空等	可实现无模制造	材料利用率低，成型件精度较低，易裂开，表面粗糙度大	金属粉末	Optomec（美国）
分层实体制造	通过热压等方式层层黏合	汽车、机械工程等	成型速度快，适用于大型样件，成本低	材料种类少，维护费用略高，仅限于结构简单的零件	热塑性塑料、纸材	CAMLEM（美国）
熔融沉积成型	将丝状或粉末状材料通过加热喷嘴软化，堆积形成三维结构	起床、船舶、航天和航空等	维护成本低，制件变形小，材料寿命长，支撑容易分离	成型速度慢，材料昂贵，需要支撑，强度弱	热塑性塑料粉末、丝材	Stratasys（美国）、MakctBot（美国）、太尔时代（中国）、3D Systems（美国）
Poly Jet	通过喷嘴将液滴成型材料选择性地喷出，逐层堆积形成三维结构	汽车、医疗、消费品、航空航天等	精确度较高，成型件质量高	耗材成本较高，成型件强度低	液态光敏聚合物材料	Stratasys（美国）
立体喷涂	利用喷嘴选择性地在粉末表层喷射黏结剂，将粉末材料逐层黏结，形成三维结构	制作验证模型	成型速度快	强度较低，精度略低	高分子胡哦无机非金属材料	Voxel Jet（德国）、3D Systems（美国）、Therics（美国）

二、增材制造的发展现状

（一）增材制造当前的研究方向

增材制造当前的研究主要围绕成型材料、成型设备以及成型工艺三大方面展开。

1. 材料方面　成型材料是影响成型工艺的重要因素之一，可用的材料将限制增材制造技术的发展。

虽然成型用材料种类得到了一定拓展，但与传统材料相比，打印材料种类依然偏少。与普通的塑料、石膏、树脂等不同，增材制造所用材料的形态一般有粉末状、丝状、层片状、液体状等，价格相比普通材料也更昂贵。当前，材料种类、形态正在不断拓展，精度、强度、稳定性、安全性也正朝着更有保障的方向发展。

（1）金属材料　成型用金属材料的主要发展方向：在现有使用材料的基础上，加强材料结构和属性之间的关系研究，根据材料的性质进一步优化工艺参数，增加打印速度，降低孔隙率和氧含量，改善表面质量；研发新材料，使其适用于增材制造，如开发耐腐蚀、耐高温和综合力学性能优异的新材料。

（2）非金属材料　成型用非金属材料的主要发展方向：研究材料处理工艺，开发成型材料特定工艺并产业化，降低材料成本；提高现有材料在耐高温、高强度等方面的性能；研发新材料，使其适用于增材制造，如具有形状记忆功能的材料、可生物降解的材料、高性能聚合物材料等。

2. 设备方面　随着增材制造技术的发展与应用，如何提高制造过程可靠性、产品力学性能、表面质量等难点问题一直是研究的重点方向之一。因此，围绕高精度、高速度打印设备、大尺寸成型设备等逐步成为聚焦点。

（1）高精度、高速度打印设备　增材制造设备研制方向之一是不断提升打印的速度、效率和精度，开拓并行打印、连续打印、大件打印、多材料打印。国内"大型金属零件高效激光选区熔化增材制造关键技术与装备"成果由 4 台激光器同时扫描，解决了航空航天复杂精密金属零件在材料结构功能一体化及减重等关键技术方面的难题，达到了复杂金属零件的高精度成型、提高成型效率、缩短装备研制周期等目的。

（2）大尺寸成型设备　增材制造的另一个发展方向是大尺寸构件制造技术，如飞机上大尺寸钛合金框梁结构件的长度可达 6m。未来，构件尺寸会越来越大，大型增材制造装备如何实现多激光束同步制造，如何提高成型效率，并保证各区域的一致性以及结合部质量将是重点研究方向之一。

3. 工艺方面

（1）结合拓扑优化/仿真设计的增材制造　增材制造技术实现了高度复杂结构的自由"生长"成型，为新型结构及材料的制备提供了强大的工具。同时，拓扑优化技术的发展，可获得诸多完全意想不到的创新构型。将拓扑优化的先进设计技术与增材制造的先进制造技术相融合，可弥补传统设计与制造对产品在轻量化、高性能等方面的缺失。

（2）融合传统工艺的混合制造　伴随着诸多增材制造技术与数控加工、熔模铸造、注塑等传统制造技术相结合的成果出现，增材制造技术开始被视为一种互补技术，而非消除传统制造方式。德国德马吉森精机（DMG MORI）公司开发出的金属 3D 打印机 LASER TEC 65，通过粉末喷嘴进行激光堆焊与铣削加工共同构成独特的复合技术，是将激光堆焊与五轴铣削结合在一起的复合加工技术，该技术比在粉床中成型的速度最高可快 20 倍。华中科技大学研发的微铸锻同步复合设备将金属铸造和锻压技术合二为一，实现了全球领先的微型边铸边锻，大幅提高了制件的强度和韧性、构件的疲劳寿命和可靠性，在零件尺寸方面也取得了重大进展。

（3）融合新型技术的混合制造　将增材制造技术与新型技术融合，也可提升增材制造产品的性能与质量。如英国 BAE 系统公司开发出可与增材制造系统集成应用的新型超声波冲击处理（ultrasonic impact treatment，UIT）技术和反馈系统，可减少零件变形，提高飞机机翼等大型增材制造结构件的性能。其中，超声波冲击处理系统可以对增材制造过程中的每一层沉积材料进行快速、反复冲击，以降低材料的内应力，改善微观结构，从而减少零部件的扭曲变形；反馈系统通过安装在基板内的压力传感器，对逐层沉积过程中的应力进行检测，并实时反馈给 UIT 系统，以调整冲击力。

（4）异质材料的组合制造　现阶段增材制造主要是制造单一材料的零件，如单一高分子材料、单一金属材料、单一陶瓷材料等。随着零件性能要求的提高，复合材料或梯度材料零件成为迫切需要发展的产品。由于增材制造具有微量单元的堆积过程，每个堆积单元可通过不断变化材料，实现单个零件中不同材料的复合。美国密苏里科技大学正在研究先用增材制造技术将不同材质的金属材料结合在一起，然后再用数控加工设备对零件进行精加工，用于制造更高强度、更耐用的航天金属零件，以及修复价格昂贵的零部件，从而减少零部件的更换频率，节约维护成本。

（二）增材制造目前存在的问题

当前，增材制造技术仍然存在若干问题需要突破，主要如下。

1. 成型材料比较有限　成型材料要求比较高，既要利于原型加工，又需具有较好的后续加工性能，还需满足强度、刚度等不同要求。目前制备的成型材料仅有少量能成型可用的功能构件。

2. 成型件的尺寸精度和质量较低　成型件的大尺寸和高精度是增材制造技术的重要研究方向。目前，成型件的尺寸精度和表面质量还难以达到传统机加工水平，单纯的增材制造技术很难替代传统精密加工。

3. 制造精度与制造速度的矛盾　由于增材制造是分层叠加制造而成，当分层厚度小时，成型件精度较高，但成型时间较长，如果缩短成型时间，则容易加大成型件的阶梯误差。成型精度与成型速度之间的平衡是重要研究方向之一。

4. 制造成本和耗材成本仍较高　由于增材制造工艺专用材料有限，且需经过特定的制备过程，因此材料价格均较为昂贵，提高了制造的整体成本。此外，增材制造设备价格也较高。

三、增材制造技术的发展趋势

当前，世界各国都在积极推动增材制造技术的研究、开发与应用，增材制造技术的发展趋势可以概况为以下几个方面。

1. 材料的多样化是增材制造技术发展的关键　尽管增材制造能够生产出非常独特和复杂的几何结构，但目前，大多数增材制造所采用的材料相对单一，材料特性难以满足生产需求，很多直接经增材制造生产的部件性能依然比不过传统制造的部件。不同产品所需要的材料性能各异，单一的材料难以满足普遍的需求，因此材料依然是增材制造需要不断突破的关键技术之一。

2. 增材制造技术对软件的应用会更深入　增材制造技术涉及的软件主要包括 3D 建模软件、工作流程软件和安全类软件。随着制造业对更复杂设计需求的增加，无论是创新的软件厂商还是传统的工业软件厂商，都纷纷加入了增材制造软件研发的队伍，出现了一系列的增材制造软件。未来，随着细分市场行业需求的增加，包括鞋模制造、医学建模、种植牙导板等细分行业，对增材制造软件将展开更为深入的应用。

3. 大尺寸、多激光正成为增材制造设备发展的重要方向　更大的成型尺寸可以显著扩大增材制造技术，尤其是金属增材制造技术的应用范围，包括解决大尺寸复杂构件传统制造过程中的难点和痛点，实现中小尺寸复杂构件的批量化生产。同时，随着多激光多振镜的干扰、拼接等软硬件上的技术性难题逐渐被攻克，以生产为导向的多激光金属增材制造设备逐渐受到市场的青睐，更大尺寸、更多激光的增材制造时代正在到来。

4. 全球增材制造技术标准化日趋统一　世界各国都参与和开展了增材制造技术标准的制定工作，包括国际标准化组织（ISO）、美国材料与试验协会（ASTM）、英国标准协会（BSI）等。我国的国家标准化管理委员会也发布了多项增材制造标准，仅 2020 年就发布了 8 项增材制造新标准，这 8 项新标准于 2021 年 6 月 1 日起实施。相信随着增材制造技术的成熟完善，关于增材制造标准化的研究也越来越多，在经济、生产、企业国际化的大背景下，全球增材制造技术标准化将日趋统一。

5. 混合制造正成为增材制造设备研制与生产的新方向　混合制造的优点在于通过将增材制造和传统制造技术相结合，既满足了传统制造技术的精度，又具有增材制造技术的灵活性，使以前无法想象的制造产品成为可能，而且在两个过程之间自由切换也使制造工作变得更加轻松，效率更高。而且混合制造可以根据需要生产零件，从而消除了昂贵的、占用库存的需求。

四、增材制造技术的典型应用

在增材制造技术应用市场中，航空航天、生物医疗、汽车制造等领域占据了前几位，表 3 - 4 中列出了一部分应用实例。在航空航天领域，增材制造由于其独特的应用优势，可满足高精度、复杂形状、小批量的生产要求，正在成为此领域中广泛使用的技术。生物医疗是增材制造应用的另一个重要领域，目前已成功应用的产品包括颅骨植入物、牙冠、牙套、助听器等。在汽车制造领域，增材制造技术为车身轻量化、灵活性设计与生产提供了全新的方向。在文化创意领域，除装饰品、工艺品外，增材制造还逐步应用到更多细分领域中，如比利时 Materialise 公司利用 3D 打印技术生产的时装，具有复杂的几何图案和独特材质。

表 3 - 4　增材制造部分应用实例

应用领域	样品原型制造	直接零部件制造	个性化定制	维修
航空航天	冷却系统，起落架减重和支架组件（空客检验测试）；长征五号火箭钛合金芯级捆绑支座试验件（航天一院）；无人机"智能翼"的功能电子元器件	A390 客机的扰流板液压歧管（空客等）；ULTEM9085 材料用于 A350XWB 飞机飞行零件增材制造（空客）；复杂精密结构件 8000 余件（西安铂力特）；C919 客机主风挡整体窗框、起落架整体支撑框、中央翼缘条等关键部件中 23 个增材制造零部件（北航等）；F - 18 战斗机的管道及类似部件（波音）；GatewingX100 无人驾驶飞机机身（Materialise）		美军海军飞机发动机零件的磨损修复（Optomec Design）
汽车制造	F1 车身原型件包括复杂的冷却槽（Materialise）；Light Cocoon 概念车车身结构（EDAG）	内部装饰（奥迪）；车轮盖（丰田）；物联网迷你巴士 Olli 外壳（Local Motors）；双金属复合发动机缸体（安徽恒利）	可定制的变速杆（宝马）；仪表板（布加迪威龙）	
生物医疗	医疗模型，如牙科模型、人造心脏等；外科手术临床导航（Materialise）	辅助残疾人站立（Altimate Medical）；药品剂量分包机配送系统的挡板和其他部件（Script Pro）	助听器（西门子、Widex）；牙齿矫正（Alight Technology）；定制牙套（Invisalign）	
其他	桌面打印机制作的 3D 模型；装饰品、工艺品；复杂几何图案的服装（Materialise）；核电压力容器试件（中国核动力研究院等）	实现高加速度的机器人手臂（Intrion）；水泵叶轮零件（西门子）	个性化定制笔（Materialise）	

第四节　智能车间与智能工厂

一、智能车间

一个车间通常有多条生产线，这些生产线或生产相似零件或产品，或有上下游的装配关系。要实现车间的智能化，需要对生产状况、设备状态、能源消耗、生产质量、物料消耗等信息进行实时采集和分析，进行高效排产和合理排班，提高设备综合效率。因此，制造执行系统成为企业的必然选择。此外，APS 也已经进入制造企业选型的视野，开始了初步实践，实现基于实际产能约束的排产，但 APS 软件对设备产能、工时等基础数据的准确性要求非常高。DM 技术也是智能车间的支撑工具，可以帮助企业在建设新厂房时，根据设计的产能科学进行设备布局，提升物流效率，提高工人工作的舒适程度。

另外，智能车间必须建立有线或无线的工厂网络，能够实现生产指令的自动下达和设备与产线信息的自动采集。对于机械制造企业，可以通过 DNC 技术实现设备状态信息和加工代码的上传下达，实现车间的无纸化，也是智能车间的重要标志，企业可以应用三维轻量化技术，将设计和工艺文档传递到工位。

通过数字孪生技术的应用，可以将 MES 采集到的数据在虚拟的三维车间模型中实时地展现出来，不仅能提供车间的虚拟现实环境，还可以显示设备的实际状态，实现虚实融合。此外，智能车间还有一个典型应用，就是视频监控系统。该系统不仅记录视频，还可以对车间的环境，人员行为进行监控、识别与报警。另外，智能车间应当在温度、湿度、洁净度的控制和工业安全（包括工业自动化系统的安全、生产环境的安全和人员安全）等方面达到智能化水平。

典型案例：福特汽车生产线上，将虚拟现实技术与人体工程学设计相结合，通过收集数据和计算机模型来预测装配工作中的身体碰撞。通过测量每名生产线上的工人，帮助识别运动可能会导致的过度疲劳、劳损或受伤。迄今为止，福特的生物工程学家在全球超过 100 辆新车上进行过应用，已优化减少了90% 的过度动作，解决难以解决的问题和难以安装部件的问题，并且减少了 70% 的工伤率。海尔胶州工厂应用车间的虚实融合技术，将车间的三维数字模型与 MES 反馈的设备状态等实时信息结合起来，展示出车间的实时状态，为企业优化生产提供了新的途径。

二、智能工厂

智能工厂（smart factory）是智能制造重要的实践领域，已引起制造企业的广泛关注和各级政府的高度重视。近年来，全球各主要经济体都在大力推进制造业的复兴。在工业4.0、工业互联网、物联网、云计算等热潮下，全球众多优秀制造企业都开展了智能工厂建设实践。

典型案例：西门子安贝格电子工厂实现了多品种工控机的混线生产；发那科公司实现了机器人和伺服电机生产过程中的高度自动化和智能化，并利用自动化立体仓库在车间内的各个智能制造单元之间传递物料，实现了最多 720 小时无人值守；施耐德电气公司实现了电气开关制造和包装过程的全自动化；美国哈雷戴维森公司广泛利用以加工中心和机器人构成的智能制造单元，实现大批量定制；三菱电机名古屋制作所采用人机结合的新型机器人装配产线，实现从自动化到智能化的转变，显著提高了单位生产面积的产量；全球重卡巨头 MAN 公司搭建了完备的厂内物流体系，利用 AGV 装载进行装配的部件和整车，便于灵活调整装配线，并建立了物料超市，取得明显成效。

当前，我国制造企业面临着巨大的转型压力。一方面，劳动力成本迅速攀升、产能过剩、竞争激烈、客户个性化需求日益增长等因素，迫使制造企业从低成本竞争策略转向建立差异化竞争优势。在工厂层面，制造企业面临着招工难以及缺乏专业技师的巨大压力，必须实现减员增效，迫切需要推进智能工厂建设。另一方面，物联网、协作机器人、增材制造、预测性维护、机器视觉等新兴技术迅速兴起，为制造企业推进智能工厂建设提供了良好的技术支撑。再加上国家和地方政府的大力扶持，使各行业越来越多的大中型企业开启了智能工厂建设的征程。我国汽车、家电、轨道交通、食品饮料、制药、装备制造、家居等行业的企业对生产和装配线进行自动化、智能化改造，以及建立全新的智能工厂的需求十分旺盛，已涌现出一批智能工厂建设的样板。

（一）智能工厂的特征

总体而言，智能工厂具有以下 6 个显著特征。

1. 设备互联　能够实现设备与设备互联，通过与设备控制系统集成，以及外接传感器等方式，由数据采集与监视控制系统实时采集设备的状态，生产完工的信息、质量信息，并通过应用 RFID、条码（一维和二维）等技术，实现生产过程的可追溯。

2. 广泛应用工业软件　广泛应用 MES、APS、能源管理、质量管理等工业软件，实现生产现场的可视化和透明化。如在新建工厂时，可以通过数字化工厂仿真软件，进行设备和产线布局、工厂物流、人机工程等仿真，确保工厂结构合理；在推进数字化转型的过程中，确保工厂的数据安全以及设备与自动化系统的安全；在通过专业检测设备检出次品时，能够通过统计过程控制等软件，分析出现质量问题的原因。

3. 充分结合精益生产理念　充分体现工业工程和精益生产的理念，能够实现按订单驱动，拉动式生产，尽量减少在制品库存，消除浪费。推进智能工厂建设要充分结合企业产品和工艺特点。在研发阶段也需要大力推进标准化、模块化和系列化，奠定推进精益生产的基础。

4. 实现柔性自动化　结合企业的产品和生产特点，持续提升生产、检测和工厂物流的自动化程度。产品品种少、生产批量大的企业可以实现高度自动化，乃至建立黑灯工厂；小批量、多品种的企业则应当注重少人化、人机结合，不要盲目推进自动化，应当特别注重建立智能制造单元。

5. 注重环境友好，实现绿色制造　能够及时采集设备和产线的能源消耗，实现能源高效利用。在危险和存在污染的环节，优先用机器人替代人工，能够实现废料的回收和再利用。

6. 可以实现实时洞察　从生产排产指令的下达到完工信息的反馈实现闭环。通过建立生产指挥系统，实时洞察工厂的生产、质量、能耗和设备状态信息，避免非计划性停机。通过建立工厂的数字孪生，方便地洞察生产现场的状态，辅助各级管理人员做出正确决策。

（二）智能工厂的建设重点

在当前智能制造的热潮之下，很多企业都在规划建设智能工厂。制造企业在进行智能工厂规划时，不能盲目追求无人工厂、黑灯工厂机器换人，一定要结合自身的产品特点和生产模式，合理规划智能装备和产线的应用，实现人机融合。智能工厂建设的重点主要体现在以下方面。

1. 制造工艺的分析与优化　在新工厂建设时，首先需要根据企业在产业链的定位，拟生产的主要产品、生产类型（单件、小批量多品种、大批量少品种等）、生产模式（离散、流程及混合制造）、核心工艺（如机械制造行业的热加工、冷加工、热处理等），以及生产纲领，对加工、装配、包装、检测等工艺进行分析与优化。企业需要充分考虑智能装备、智能产线、新材料和新工艺的应用对制造工艺带来的优化。同时，企业也应当基于绿色制造和循环经济的理念，通过工艺改进节能降耗、减少污染排放；还可以应用工艺仿真软件，对制造工艺进行分析与优化。

2. 数据采集　生产过程中需要及时采集产量、质量、能耗、加工精度和设备状态等数据，并与订单、工序、人员进行关联，以实现生产过程的全程追溯。出现问题可以及时报警，并追溯到生产的批次、零部件和原材料的供应商。此外，还可以计算出产品生产过程中产生的实际成本。有些行业还需要采集环境数据，如温度、湿度、空气洁净度等数据。企业需要根据采集的频率要求来确定采集方式，对于需要高频率采集的数据，应当从设备控制系统中自动采集。企业在进行智能工厂规划时，要预先考虑好数据采集的接口规范，以及 SCADA 系统的应用。不少厂商开发了数据采集终端，可以外接在机床上，解决老设备数据采集的问题，企业可以进行选型应用。

3. 设备联网　实现智能工厂乃至工业 4.0，推进工业互联网建设，实现 MES 应用，最重要的基础就是要实现 M2M，也就是设备与设备之间的互联，建立工厂网络并建立统一的标准。在此基础上，企业可以实现对设备的远程监控。设备联网和数据采集是企业建设工业互联网的基础。

4. 工厂智能物流　推进智能工厂建设，生产现场的智能物流十分重要，尤其是对于离散制造企业。智能工厂规划时要尽量减少无效的物料搬运。很多优秀的制造企业都在装配车间建立了集中拣货区（kitting area），根据每个客户订单集中配货，并通过摘取式电子标签拣货系统进行快速拣货，配送到装配线，消除了线边仓。离散制造企业在两道机械工序之间可以采用带有导轨的工业机器人、桁架式机械手等方式来传递物料，还可以采用 AGV、RGV 或者悬挂式输送链等方式传递物料。在车间现场还需要根据前后道工序之间产能的差异，设立生产缓冲区。立体仓库和辊道系统的应用也是企业在规划智能工厂时需要进行系统分析的问题。

5. 生产质量管理　在智能工厂规划时，生产质量管理是核心的业务流程。质量保证体系和质量控制活动必须在生产管理信息系统建设时统一规划、同步实施，贯彻"质量是设计、生产出来，而非检验出来的"理念。质量控制在信息系统中需嵌入生产主流程，如检验、试验在生产订单中作为工序或工步来处理；质量审理以检验表单为依据启动流程开展活动；质量控制的流程、表单、数据与生产订单相互关联、穿透；按结构化数据存储质量记录，为产品单机档案提供基本的质量数据，为质量追溯提供依据；构建质量管理的基本工作路线：质量控制设置—检测—记录—评判—分析—持续改进；质量控制点需根据生产工艺特点科学设置，质量控制点太多影响效率，太少使质量风险放大；检验作为质量控制的活动之一，可分为自检、互检、专检，也可分为过程检验和终检；质量管理还应关注质量损失，以便从成本的角度促进质量的持续改进。对于采集的质量数据，可以利用 SPC 系统进行分析。制造企业应当提升对质量管理信息系统的重视程度。

6. 设备管理　设备是生产要素，发挥设备 OEE 是智能工厂生产管理的基本要求，OEE 的提升标志是产能的提高和成本的降低。生产管理信息系统需设置设备管理模块，使设备释放出最高的产能，通过生产的合理安排，使设备尤其是关键、瓶颈设备减少等待时间；在设备管理模块中，要建立各类设备数据库，设置编码，及时对设备进行维修保养；通过实时采集设备状态数据，为生产排产提供设备的能力数据；企业应建立设备的健康管理档案，根据积累的设备运行数据建立故障预测模型，进行预测性维护，最大限度地减少设备的非计划性停机；还要进行设备的备品备件管理。

7. 智能厂房设计　智能工厂的厂房设计需要引入建筑信息模型，通过三维设计软件进行建筑设计，尤其是水、电、气、网络、通信等管线的设计。同时，智能厂房要规划智能视频监控系统、智能采光与照明系统、通风与空调系统、智能安防报警系统、智能门禁一卡通系统、智能火灾报警系统等。采用智能视频监控系统，通过人脸识别技术以及其他图像处理技术，可以过滤掉视频画面中无用的或干扰信息，自动识别不同物体和人员，分析抽取视频源中的有用信息，判断监控画面中的异常情况，并以最快和最佳的方式发出警报或触发其他动作。整个厂房的工作分区（加工、装配、检验、进货、出货、仓储等）应根据工业工程的原理进行分析，可以使用数字化制造仿真软件对设备布局、产线布置、车间物流进行仿真。在厂房设计时，还应思考如何降低噪声，如何方便设备灵活调整布局，多层厂房如何进行物流输送等问题。

8. 智能装备的应用　制造企业在规划智能工厂时，必须高度关注智能装备的最新发展。机床设备正在从数控化走向智能化，实现边测量、边加工，对热变形、刀具磨损产生的误差进行补偿，企业也开始应用车铣复合加工中心，很多企业在设备上下料时采用了工业机器人。未来的工厂中，金属增材制造设备将与切削加工（减材）、成型加工（等材）等设备组合起来，极大地提高材料利用率。除了六轴的工业机器人之外，还应该考虑 SCARA 机器人和并联机器人的应用，而协作机器人则将会出现在生产线上，配合工人提高作业效率。

9. 智能产线规划　智能产线是智能工厂规划的核心环节，企业需要根据生产线要生产的产品族、产能和生产节拍，采用价值流图等方法来合理规划智能产线。智能产线的特点：在生产和装配的过程中，能够通过传感器、数控系统或 RFID，自动进行生产、质量、能耗、设备综合效率等数据采集，并通过电子看板显示实时的生产状态，能够防呆防错；通过安灯系统实现工序之间的协作；生产线能够实现快速换模，实现柔性自动化；能够支持多种相似产品的混线生产和装配，灵活调整工艺，适应小批量、多品种的生产模式；具有一定冗余，如果生产线上有设备出现故障，能够调整到其他设备生产；针对人工操作的工位，能够给予智能的提示，并充分利用人机协作。设计智能产线需要考虑如何节约空间，如何减少人员的移动，如何进行自动检测，从而提高生产效率和生产质量。企业建立新工厂非常强调少人化，因此要分析哪些工位应用自动化设备及机器人，哪些工位采用人工。对于重复性强、变化少的工位，尽可能采用自动化设备，反之则采用人工工位。

10. 制造执行系统（MES）　是智能工厂规划落地的着力点，是面向车间执行层的生产信息化管理系统，它上接 ERP 系统，下接现场的 PLC 程控器、数据采集器、条形码、检测仪器等设备。MES 旨在加强 MRP 计划的执行功能，贯彻落实生产策划，执行生产调度，实时反馈生产进展；面向生产一线工人：指令做什么、怎么做、满足什么标准，什么时候开工，什么时候完工，使用什么工具等；记录"人、机、料、法、测、环、能"等生产数据，建立可用于产品追溯的数据链；反馈进展、反馈问题、申请支援、拉动配合等；面向班组：发挥基层班组长的管理效能，班组任务管理和派工；面向一线生产保障人员：确保生产现场的各项需求，如料、工装刀量具的配送，工件的周转等。为提高产品准时交付率、提升设备效能、减少等待时间，MES 需导入生产作业排程功能，为生产计划安排和生产调度提供辅助工具，提升计划的准确性。在获取产品制造的实际工时、制造 BOM 信息的基础上，企业可以应用 APS 软件进行排产，提高设备资源的利用率和生产排程的效率。

11. 能源管理　为了降低智能工厂的综合能耗，提高劳动生产率，特别是对于高能耗的工厂，进行能源管理是非常有必要的。采集能耗监测点（变配电、照明、空调、电梯、给排水、热水机组和重点设备）的能耗和运行信息，形成能耗的分类、分项、分区域统计分析，可以对能源进行统一调度、优化能源介质平衡，达到优化使用能源的目的。同时，通过采集重点设备的实时能耗，还可以准确知道设备的运行状态（关机、开机还是在加工），从而自动计算 OEE。通过感知设备能耗的突发波动，还可以预测刀具和设备故障。此外，企业也可以考虑在工厂的屋顶部署光伏系统，提供部分能源。

12. 生产无纸化　生产过程中工件配有图纸、工艺卡、生产过程记录卡、更改单等纸质文件作为生产依据。随着信息化技术的提高和智能终端成本的降低，在智能工厂规划时，可以普及信息化终端到每个工位，结合轻量化三维模型和 MES，操作工人将可在终端接受工作指令，接受图纸、工艺、更单等生产数据，可以灵活地适应生产计划变更、图纸变更和工艺变更。有很多厂商提供工业平板显示器，甚至可以利用智能手机作为终端，完成生产信息查询和报工等工作。

13. 工业安全　企业在进行新工厂规划时，需要充分考虑各种安全隐患，包括机电设备的安全、员工的安全防护、设立安全报警装置等安防设施和消防设备。同时，随着企业应用越来越多的智能装备和控制系统，并实现设备联网，建立整个工厂的智能工厂系统，随之而来的安全隐患和风险也会迅速提高，现在已出现了专门攻击工业自动化系统的病毒。因此，企业在做智能工厂规划时，也必须将工业安全作为一个专门的领域进行规划。

14. 精益生产　精益生产的核心思想是消除一切浪费，确保工人以最高效的方式进行协作。很多制造企业采取按订单生产或按订单设计，满足小批量、多品种的生产模式。智能工厂需要实现零部件和原材料的准时配送，成品和半成品按照订单的交货期进行及时生产，建立生产现场的电子看板，通过拉动方式组织生产，采用安东系统及时发现和解决生产过程中出现的异常问题；同时，推进目视化、快速换模。很多企业采用了 U 形的生产线和组装线，建立了智能制造单元。推进精益生产是一个持续改善的长期过程，要与信息化和自动化的推进紧密结合。

15. 人工智能技术应用　人工智能技术正在被不断地应用到图像识别、语音识别、智能机器人、故障诊断与预测性维护、质量监控等各个领域，覆盖从研发创新、生产管理、质量控制、故障诊断等多个方面。在智能工厂建设过程中，应当充分应用人工智能技术。例如，可以利用机器学习技术，挖掘产品缺陷与历史数据之间的关系，形成控制规则，并通过增强学习技术和实时反馈，控制生产过程，减少产品缺陷。同时集成专家经验，不断改进学习结果。利用机器视觉代替人眼，提高生产柔性和自动化程度，提升产品质检效率和可靠性。

16. 生产监控与指挥系统　流程行业企业的生产线配置了 DCS 或 PLC 控制系统，通过组态软件可以查看生产线上各个设备和仪表的状态，但绝大多数离散制造企业还没有建立生产监控与指挥系统。实际上，离散制造企业也非常需要建设集中的生产监控与指挥系统，在系统中呈现关键的设备状态、生产状态、质量数据，以及各种实时的分析图表。在一些国际厂商的 MES 软件系统中，设置了制造集成与智能模块，其核心功能就是呈现出工厂的关键 KPI 数据和图表，辅助决策。

17. 数据管理　数据是智能工厂建设的血液，在各应用系统之间流动。在智能工厂运转的过程中，会产生设计、工艺、制造、仓储、物流、质量、人员等业务数据，这些数据可能分别来自 ERP、MES、APS、WMS、QIS 等应用系统。因此，在智能工厂的建设过程中，需要一套统一的标准体系来规范数据管理的全过程，建立数据命名、数据编码和数据安全等一系列数据管理规范，保证数据的一致性和准确性。另外，必要时，还应当建立专门的数据管理部门，明确数据管理的原则和构建方法，确立数据管理流程与制度，协调执行中存在的问题，并定期检查落实优化数据管理的技术标准、流程和执行情况。企业需要规划边缘计算、雾计算、云计算的平台，确定哪些数据在设备端处理，哪些数据需要在工厂范围内处理，哪些数据要上传到企业的云平台处理。

18. 劳动力管理　在智能工厂规划中，还应当重视整体人员绩效的提升。设备管理有设备综合效率，人员管理同样有整体劳动力效能（overall labor effectiveness，OLE）。通过对整体劳动力效能指标的分析，可以清楚了解劳动力绩效，找出人员绩效改进的方向和办法，从而保证分析劳动力绩效的基础是及时、完整、真实的数据。通过考勤机、排班管理软件、MES 等实时收集考勤、工时和车间生产的基础数据，利用数据分析的手段，可以衡量人工与资源（如库存或机器）在可用性、绩效和质量方面的相互关系。让决策层对工厂的劳动生产率和人工安排具备实时的可视性，通过及时准确的考勤数据分析评估出劳动力成本和服务水平，从而实现整个工厂真正的人力资本最优化和整体劳动效能的提高。

　　总之，要做好智能工厂的规划，需要从各个视角综合考虑，从投资预算、技术先进性、投资回收期、系统复杂性、生产的柔性等多个方面进行综合权衡、统一规划，从一开始就避免产生新的信息孤岛和自动化孤岛，才能确保做出真正可落地，既具有前瞻性，又具有实效性的智能工厂规划方案。同时，还可以基于这些维度来建立智能工厂的评估体系。智能工厂的规划是一个十分复杂的系统工程，需要企业的生产、工艺、IT、自动化、设备和精益等部门通力协作；同时，也需要引入专业的工厂设计和智能制造咨询服务机构深入合作。

第五节　智能物流与仓储装备

一、相关概念

　　1. 物流（logistics）　是指利用现代信息技术和设备，以准确的、及时的、安全的、保质保量的、门到门的合理化服务模式和先进的服务流程将物品从供应地送向接收地。我国的物流术语标准《物流术语》（GB/T 18354—2006）将物流定义为"物品从供应地向接收地的实体流动过程。根据实际需要，将运输、储存、装卸、搬运、包装、流通加工、配送、信息处理等基本功能实施有机结合"。从该定义中可以看到，物流包含了种类繁多的工业活动，有着极为丰富的内涵。

　　2. 物流技术　是人们在物流活动中所使用的各种设施、设备、工具和其他各种物质手段，以及由科学知识和劳动经验发展而形成的各种技能、方法、工业和作业程序等，一个完善的物流系统离不开现代物流技术的应用。现代物流技术按技术形态可以分为硬技术和软技术，其中硬技术主要涉及物流活动中所使用的各种机械设备、运输工具、站场设施，以及服务于物流的电子计算机、通信网络设备等，例如各种运输工具、装卸搬运设备、分拣包装设备、仓库、车站、港口、货场等；软技术主要涉及物流系统的基础理论研究、系统工程技术、价值工程技术、规划技术、集成技术等，是以提高物流系统整体效益为中心的技术方法。

二、物流装备分类

　　物流设施与装备是现代物流技术中的关键内容，其贯穿物流活动全过程，是物流活动开展的物质基础，是影响物流运作效率的关键因素，也是物流系统的重要资产和物流技术水平的主要标志。根据物流活动中各个环节的功能需求，物流装备主要可以分为以下七大类。

　　1. 运输装备　是指用于较长距离运输货物的装备，一般可分为铁路、公路、水路、航空、管道运输装备等五种类型。

　　2. 装卸搬运装备　是指用来搬移、升降、装卸和短距离输送物料或货物的机械设备。按照主要用途，装卸搬运装备可分为以下几类。

　　（1）起重设备　主要对物品进行起升、下降和水平方向的移动，包括以各种类型的机械葫芦和升降机为代表的简单起重机械，以回转式起重机和桥架式起重机等各种起重机为代表的通用起重机械。

　　（2）连续输送机械　主要用于沿给定线路连续输送散粒物料或成件物品，典型的输送机械包括带式输送机、链式输送机、斗式提升机、辊道式输送机、螺旋式输送机等。

　　（3）装卸搬运车辆　主要用于对物品进行短距离的水平运输，包括各种叉车和以各种手推车为代表的轻型搬运车，其中叉车装有可升降的门架和可更换的取物装置，能够将货物进行托取和升降，从而实现对货物的堆垛和拆垛。

3. 仓储装备　用于物资的存储和保管，是仓库进行保管维护、搬运装卸、计量检验、安全消防和输电用电等各项作业的物质基础。按照功能要求，仓储装备可分为以下几类。

（1）存货取货设备　包括种类复杂多样的货架、叉车、堆垛机械（如巷道堆垛机、堆垛机器人）和起重运输机等。

（2）分拣配货设备　包括自动分拣设备、搬运车［如牵引车、平板拖车、自动导引车（automated guided vehicle，AGV）等］。

（3）其他设施设备　包括用于货物进出时计量、点数和存货期间盘点、检查的设备，如地磅、轨道秤、电子吊秤，以及条码打印机、条码扫描器、便携式数据采集器等信息设备。

4. 包装装备　是指用于完成全部或部分包装过程的有关机器设备，主要有灌装机械、充填机械、裹包机械、封口机械、贴标机械、清洗机械、干燥机械、杀菌机械、捆扎机械、集装机械、多功能包装机械，以及完成其他包装作业的辅助包装机械和包装生产线等。

5. 流通加工装备　是指用于物品包装、分割计量、分拣、组装、价格贴附、标签贴附、商品检验等作业的专业机械装备。流通加工装备可以弥补生产过程加工程度的不足，有效地满足用户多样化的需要，提高加工质量和效率以及设备利用率，从而更好地为用户提供服务。流通加工装备的种类繁多，按照流通加工形式，可分为以下几类。

（1）剪切加工设备　用于进行下料加工，或将大规格的板材裁小或裁成毛坯。

（2）冷链加工设备　用于实现生鲜和药品在流通过程中的低温冷冻。

（3）精制加工设备　主要用于农、牧、副、渔等产品的切分、洗净、分装等简单的加工。

（4）其他流通加工设备　如分选加工设备、包装加工设备、组装加工设备等。

6. 信息采集与处理装备　是指用于物流信息的采集、传输、处理等的物流装备，主要包括电子计算机、网络通信设备、条形码设备、无线射频设备、销售终端（point of sale，POS）机及 POS 系统等。

7. 集装单元化装备　是指用集装单元化的形式进行储存和运输作业的物流装备，主要包括托盘、滑板、集装袋、集装箱等。智能化是现代物流设施与装备的主要发展趋势之一。智能物流装备是指在物流装备信息化和自动化的基础上，集成利用自动识别技术、数据挖掘技术、人工智能技术、地理信息系统（geographic information systems，GIS）技术等新兴信息技术，能够模仿人的智能，对周围环境进行感知和分析，具有学习和推理判断以及自行解决物流活动过程中大量控制和决策问题能力的现代物流装备。

AGV 是具有自动导引装置，能够沿设定的路径行驶，在车体上具有编程和停车选择装置、安全保护装置以及各种物品移载功能的搬运车辆。AGV 除了底盘、车架、车轮等车体系统部件外，还装配有微处理器、传感器、动力驱动装置、导引装置、定位装置、通信装置等，是集成计算机、自动控制、信息通信、机械设计、电子技术等多个学科技术的物流装备，在自动化搬运系统、物流仓储系统、柔性制造系统和柔性装配系统中有着重要的应用。当前，AGV 一般通过以微处理器为核心的控制器来进行定位，以及与集中控制与管理计算机进行通信，反馈 AGV 状态，接收调度和工作指令，进而控制 AGV 沿指定路线运行和搬运物料。近年来，AGV 在智能化的方向上快速发展，许多研究者在这方面进行了大量研究，比如计算机视觉技术在 AGV 中的应用、多 AGV 的任务调度和路径规划等，同时也涌现出众多商用的智能化 AGV 产品，其中最为著名的就是 Amazon（亚马逊）于 2012 年收购的 Kiva 系统。Amazon 的 Kiva 仓库机器人对全球物流仓储行业的发展产生了重要影响，这些机器人不仅可以抬起 300 多千克的物品，还可以根据指令，扫描地上的条码前进，挑选产品货架，并将库存运送到仓库不同部分的不同包装站。机器人背后的智能运营系统，可以通过数据分析和算法优化调配机器人有条不紊地协同工作，系统的调度算法还可以根据物品的受欢迎程度和最近的供应情况来动态调整拣货决策，在接收到订单指令后，机器人会自动执行动作，匹配最优路线，提高工作效率，在执行任务过程中自动避让障碍物。

2017年10月，京东物流首个全流程"无人仓"在上海开放。采用大量智能物流机器人进行协同与配合，通过人工智能、深度学习、图像智能识别、大数据应用等诸多先进技术，使得工业机器人能够进行自主判断和行为，适应不同的应用场景、商品类型与形态，完成各种复杂的任务，在商品进货、存储、拣货、包装、分拣等环节实现无人化、自动化。京东在"无人仓"中部署了多款其自主研发的负责不同作业任务的智能机器人，极大地提升了"无人仓"的运转效率，其中包括以下内容。

（1）SHUTTLE货架穿梭机　主要负责在立体货架上移动货物，速度可达6m/s，每小时可处理1600箱货物，并具有定位准确、性能稳定、可根据货物大小自动适配等特点。

（2）DELTA型分拣机器人　主要负责小件商品的自动分拣，其中应用了京东物流自主研发的三维动态拣选技术，分拣速度可达到每小时3600次，并能够根据产品的不同尺寸和种类更换拾取器。

（3）智能搬运机器人AGV　主要负责货物的运载，载货量可达300kg以上，通过调度系统与人工智能可灵活改变路径，实现自动避障与自主规划路径。

（4）六轴机器人　主要负责在仓库内完成物料的搬运和拆垛码垛，京东自主研发的控制系统及码垛算法能够使得机器人将不同尺寸的货箱进行组合，以达到最高的装载率，相较于传统的人工码垛方式，其效率可提高30%。支持智能机器人高效运作的是"无人仓"中无处不在的数据感知以及人工智能算法。大量的信息采集装备对物流作业中随时随地产生的大量数据进行实时、精准的采集，先进的图像处理和认知感知技术能够迅速将传感器获取的数据转化为有效信息，系统依据这些有效信息感知整个仓库各个环节的状态，依据数据，通过人工智能算法针对物流活动的各个环节进行决策并下达控制指令，例如：在上架环节，算法将根据上架商品的销售情况和物理属性，自动推荐最合适的存储货位；在补货环节，补货算法的设置让商品在拣选区和仓储区的库存量分布达到平衡；在出库环节，定位算法将决定最适合被拣选的货位和库存数量，调度算法将驱动最合适的机器人进行货物的搬运，以及匹配最合适的工作站进行生产。

近年来，物流装备智能化的趋势还着重体现在货物的配送环节，国内外各大物流厂商相继发展无人配送模式以为"最后一公里"配送问题提出解决方案。2018年2月，京东启用全球首个"无人配送站"，作为连接末端无人机、无人配送车的中转站。"无人配送站"在接收到无人机运来的货物后，可在其内部实现中转分发，再由无人配送车自动装载货物完成配送。除了智能存储和分发货物外，"无人配送站"还可以与收件人进行联系，并依照售后服务指令提供智能退货服务。2018年6月，京东无人配送车于中国人民大学完成首单配送，车上装配了激光雷达、摄像头、差分GPS等设备，最大的无人车可一次装载几十件快件。京东无人配送车在部署时，通常先用激光雷达扫描校园形成路网地图，再根据激光雷达、摄像头、GPS实现导航定位和避障。通过转向灯和屏幕，无人配送车会在行驶和送货过程中给用户一些提示，用户则像过去一样收到京东的消息提醒，之后通过人脸识别或者短信验证码从无人配送车中取走快件。此外，无人配送车还具有自主学习能力，可根据配送过程中实际的环境、路面、行人以及交通环境对路径进行调整。无人配送车作为新兴的智能物流装备，综合应用了无人驾驶技术、高精度建图与定位技术、传感器技术、图像识别技术、数据挖掘和机器学习技术等多种新兴技术，需要具备智能感知和避让、智能路线规划、智能通信等能力。近年来，国内外各大物流厂商和无人车科技公司相继推出并试运行了自己的无人配送车，除了已经提到的京东之外，还包括苏宁物流的"卧龙一号"、菜鸟物流的"小G"、中通物流的"蓝小胖"、智行者的"蜗必达"Starship Technologies的Starship、Nuro的Level 4全自动无人配送车等。

目标检测

1. 除了教材中所提到的这些智能装备，还有没有其他智能制造装备？

2. 当下发展热门的医疗机器人与工业机器人有什么区别？

3. 从专业角度，谈谈你对智能工厂的理解。

第四章　工业软件

学习目标

1. **掌握** 中国工业软件发展特点。
2. **熟悉** 主要工业软件概念与特点。
3. **了解** 工业软件发展趋势。
4. 能够说出不同工业软件的应用场景。

第一节　工业软件概述

工业软件是计算机科学、数学、物理学和管理学等各领域科学技术蓬勃发展与交叉融合的产物。本教材聚焦在工业企业应用的业务支撑软件，对于诸如通信设备企业开发的，用于通信网络管理和电信运营商的业务支持的一些专用软件，以及用于汽车、家电、电子与通信等产品内部运行的嵌入式软件，不在本教材讨论的范围。

工业软件主要包括工业应用软件和嵌入式工业软件。工业软件主要分三大类。

1. 产品创新数字化软件领域　支持工业企业进行研发创新的工具类和平台类软件。产品创新数字化软件具体包括 CAD（主要包括计算机辅助机械 MCAD 和电气设计 ECAD）、CAE、CAM（主要指数控编程软件）、CAPP、EDA、数字化制造、PDM/PLM（涵盖了产品研发与制造、产品使用和报废回收再利用三个阶段）以及相关的专用软件。例如，公差分析、软件代码管理或应用生命周期管理（CASE/ALM）、大修维护管理（MRO）、三维浏览器、试验数据管理、设计成本管理、设计质量管理、三维模型检查、可制造性分析等。建筑与施工行业（AEC 行业）也广泛应用 CAD、CAE 软件。CAD 软件还包括工厂设计、船舶设计，以及焊接 CAD、模具设计等专用软件，CAD 软件经历了从二维工程图甩图板，到转向三维特征建模，进而实现基于模型的产品定义（model-based definition，MBD）的过程。数字化制造主要包括工厂的设备布局仿真、物流仿真、人因工程仿真等功能。CAE 软件包含的门类很多，可以从多个维度进行划分，主要包括运动仿真、结构仿真、动力学仿真、流体力学仿真、热力学仿真、电磁场仿真、工艺仿真（涵盖铸造、注塑、焊接、增材制造、复合材料等多种制造工艺）、振动仿真、碰撞仿真、疲劳仿真、声学仿真、爆炸仿真等，以及设计优化、拓扑优化、多物理场仿真等软件，此外还有仿真数据、仿真流程和仿真知识管理软件。近年来，在三维建模技术、三维可视化技术、虚拟仿真技术和工业物联网技术的发展与交叉融合的背景下，数字孪生技术应运而生，成为当前学术界和工业界关注的热点。创成式设计则因引入全新的设计方式，融合人工智能技术，也成为业界关注的热点。

2. 管理软件领域　支持企业业务运营的各类管理软件。管理软件具体包括 ERP、MES、CRM、SCM、供应商关系管理（SRM）、EAM、HCM、BI、APS、QMS、项目管理（PM）EMS、MDM、实验室管理（LIMS）、BPM、协同办公与企业门户等。ERP 是由 MRP、MRP Ⅱ 发展起来的。CRM、HCM、BI、PM、协同办公和企业门户应用于各行各业，但工业企业对这些系统有特定的功能需求。例如，人力资产管理具体包括人力资源管理、人才管理和劳动力管理，其中，工业企业对劳动力管理有特定需求。随着移动通信技术的普及，越来越多的管理软件支持手机 APP、基于角色分配权限、集成位置信息，能够将相关信息推送到不同类型的用户。

3. 工控软件领域 支持对设备和自动化生产线进行管控、数据采集和安全运行的软件。

工控软件具体包括先进过程控制（advanced process control，APC）、DCS、PLC、SCADA、分布式数控与机器数据采集（DNC/MDC），以及工业网络安全软件等。其中，DCS、PLC 和 SCADA 的控制软件与硬件设备紧密集成，是工业物联网应用的基础。工业应用软件的特质是包含复杂的算法和逻辑、融合工程实践的 Know - how、与硬件系统和设备集成、具有鲜明的行业特点、能够满足客户的个性化需求、提供二次开发平台、实现端到端的集成应用才能发挥预期价值等。因此，很多工业软件企业将软件进行配置，形成行业解决方案，以便缩短实施与交付周期。

第二节　工业软件的发展历史及发展趋势

一、工业软件的发展历史

20 世纪 80 年代初，中国人对工业软件的认识几乎是零。伴随着昂贵的 IBM 大型机、VAX 小型机、Apolo 工作站的引入，上面附带的某些 CG、CAD 软件，打开了一小扇窗户，让中国开始接触工业软件。

最早能引进这些昂贵计算机硬件的有实力的研究所或高校，也就由此开始了模仿和开发工业软件的征程。早期开发的软件，大多数是二维 CAD 绘图软件。从"七五"到"十五"（1986—2005 年），国家对于国产自主工业软件一直是有扶持的，当时主要的扶持渠道是国家机械部（机电部）的"CAD 攻关项目"、国家科学技术委员会（科技部）的"863/CIMS、制造业信息化工程"。

国家机械部、国家科学技术委员会早期重点支持的是二维 CAD，后来发展到简单实用的"两甩"，即甩图板、甩账本。对于技术难度不算太高的二维 CAD 的扶持，还是取得了一些成效，出现了一批国产软件产品。即使在开发难度比较大的三维 CAD 领域，也出现了一些软件。

而在 CAE 领域，20 世纪 80 年代后期，以北京航空航天大学、清华为代表的一批高校和科研人员开始进行相关的软件开发。随着 CAD/CAE 软件在制造业的推广普及，清华大学、浙江大学、华中科技大学、大连理工大学等一批高校，以及中国科学院等一批院所先后开展 CAD/CAE 软件自主研发，取得了一些研究成果。

从"十五"和"十一五"开始，科技部对研发设计软件的重点支持，转向三维 CAD。而在"十二五"（2011 年）以后，中国的信息化开始走两化融合的道路，该工作转由工业和信息化部负责，"863"合并到国家重点科技研发计划中，科技部也不再分管信息化工作。这是一个重要的分水岭。由于工业和信息化部并不对认为属于基础科研的工业软件研发进行补助，国家对三维 CAD 研发的资金投入几乎没有了。国产工业软件研发公司因此基本得不到直接的支持。此后近十年，国家部委层面几乎再也没有明确的资金投入支持国产自主 CAD/CAE 软件了。

当工业 4.0 变成德国最炙热的制造名片，智能制造则到了举国热浪的阶段，人们重新认识到核心工业软件变得越来越重要。

二、工业软件的发展趋势

工业软件具有鲜明的行业特质，不同行业、不同生产模式、不同产品类型的制造企业，对工业软件的需求差异很大。因此，工业软件需要很强的可配置性，并具备二次开发的能力。工业软件蕴含着业务流程和工艺流程，包含诸多算法，因此，需要结合企业的实际需求实施和落地。制造企业需要应用的工业软件类型众多，要取得实效，需要实现工业软件的集成，构建集成平台。

1. 工业软件正在重塑制造业　工业软件的重要程度不断提升，软件成为体现产品差异化的关键。例如，70%的汽车创新来自汽车电子，而60%的汽车电子创新属于软件创新；智能手机的核心差异化主要体现在操作系统和应用软件，直接影响用户体验。另外，工业互联网的应用也涉及诸多工业软件，为工业设备插上了智慧的翅膀。

"软件定义"成为业界共识，如软件定义的产品、软件定义的机器、软件定义的数据中心、软件定义的网络、软件定义的业务流程、数据驱动智能决策等。对工业软件的开发与应用效果和掌控程度，已成为制造企业体现差异化竞争优势的关键。工业软件的应用贯穿企业的整个价值链，从研发、工艺、采购、制造、营销、物流供应链到服务，打通数字主线（digital thread）；从车间层的生产控制到企业运营，再到决策，建立产品、设备、生产线到工厂的数字孪生模型；从企业内部到外部，实现与客户、供应商和合作伙伴的互联和供应链协同，企业所有的经营活动都离不开工业软件的全面应用。因此，工业软件正在重塑制造业，成为制造业的数字神经系统。

2. 工业软件的应用模式走向云端和设备端　工业软件的应用模式已经从单机应用、客户端/服务器（C/S）、浏览器/服务器（B/S），逐渐发展到走向云端部署和边缘端部署（嵌入式软件）。早期的工业软件是基于PC的单机应用，很多软件带有"加密狗"。后来，软件应用出现了网络版。ERP、SCM等管理软件的应用是基于C/S的应用模式，需要在客户机和服务器都安装软件，在服务器安装数据库。随着互联网的兴起，越来越多的工业软件转向B/S架构，不再需要在客户端安装软件，直接在浏览器上输入网址即可登录，这使得软件升级和迁移变得更加便捷。服务器虚拟化、桌面虚拟化等技术则可以帮助企业更好地利用服务器资源。

此外，很多智能装备如无线通信基站和程控交换机内部，部署了诸多嵌入式的控制、检测、计算、通信等软件。近年来，设备端的边缘计算能力迅速增强，一些原来在PC上部署的软件也移植到设备端，实现边缘计算，更高效地进行数据处理和分析。

3. 工业软件的部署模式从企业内部转移到外部工业软件　模式从企业内部部署（on premise）转向私有云、公有云以及混合云。云计算技术的发展，使得企业可以更高效、更安全地管理自己的计算能力和存储资源，建立私有云平台；中小企业可以直接应用公有云服务，不再自行维护服务器；大型企业可以将涉及关键业务和数据的应用系统放在私有云，而将其他面向客户、供应商及合作伙伴，以及安全级别要求不高的应用系统放在外部的数据中心，实现混合云应用。

国外管理软件公司纷纷加速向云部署转型，并购基于公有云的应用系统。向云服务转型，成为众多管理软件公司最大的增长点。如Salesforce提供完全基于公有云的CRM系统，取得了巨大的成功；原SOLIDWORKS创业团队创建的On shape是一个完全基于公有云的三维CAD系统，可以在任何终端进行三维设计，方便地进行协作，2019年被PTC公司并购；甲骨文公司已提供支持多租户的数据库，能够确保运行在公有云平台的应用系统彼此独立。另外，已有很多软件公司支持软件的灵活部署，可以在内部部署、私有云、公有云和混合云的模式之间动态调整。

随着云应用的不断深入，越来越多的企业用户开始接受基于公有云的部署方式，将复杂的IT运维工作交给大型的互联网IT公司，例如亚马逊云（AWS）、微软Azure云平台等，其最大的优势是管理专业且方便。我国的阿里云、华为云、腾讯云、京东云以及三大电信运营商也都提供了多种形式的云服务。有的公司还推出了托管服务（managed service），帮助制造企业管理部署在企业内部的应用系统。

4. 工具类软件从销售许可证转向订阅模式 工具类软件的销售方式从销售许可证（license）转向订阅（subscription）模式。例如，Autodesk 公司的 CAD 软件已经不再销售许可证，只支持订阅方式；PTC 的 Creo 软件也在大力转向订阅模式。订阅模式的软件并不一定都是基于云部署，仍然可以在企业内部安装，但要通过订阅模式定期获得授权密码。

订阅模式是一种对于用户企业和软件公司而言双赢的模式。用户企业可以根据应用需求，灵活地增减用户数，还可以即时获得最新的软件版本。而对于软件公司，则可以确保用户产生持续的现金流。虽然当期某个用户企业带来的收入可能减少，但是几年下来，订阅服务的收入通常会超过销售固定许可证的营业收入。同时，由于用户企业已经产生大量数据，也不可能轻易更换软件。正因为如此，有的软件企业在向订阅模式转型的过程中，尽管有几年时间营业收入下降，甚至出现亏损，但股票价格反而节节攀升。

5. 工业软件走向平台化、组件化，解构为工业 APP 工业软件的架构从紧耦合转向松耦合，呈现出组件化、平台化、服务化、平台即服务＋软件即服务（PaaS＋SaaS）的特点。早期的工业软件是固化的整体，牵一发动全身，修改起来很麻烦。后来出现了面向对象的开发语言，进而产生了面向服务的架构（SOA），软件的功能模块演化为万维网服务（web service）组件，通过对组件进行配置，将多个组件连接起来，完成业务功能。

互联网的浪潮催生了应用服务提供商（application service provider，ASP），后来演化为 SaaS 服务。然而，单纯将软件服务化并不能满足企业客户差异化的需求，只有将软件开发的平台也迁移到互联网平台，才能授之以渔。PaaS 平台是否强大，成为工业软件能否向云模式成功转型的关键。

近年来，又出现了微服务架构，每个微服务可以用不同的开发工具开发，独立进行运行和维护，通过轻量化的通信机制将微服务组合起来，完成特定功能。管理软件尤其是电商平台，在前台和后台之间，增加了中台系统，以便能够及时处理海量的并发需求和数据。

工业软件正在解构为运行于工业云平台或者工业互联网平台上的工业 APP，可以实现即插即用，操作简便易用，随需而变。工业 APP 蕴含了工业技术和 Know‐how。随着工业 PaaS 的标准不断完善，不同企业开发的工业 APP 将可以实现互操作，从而催生工业 APP Store，方便地进行交易和应用。

6. 工业软件的开发环境转向开放、开源 工业软件的开发环境已从封闭、专用的平台走向开放和开源的平台。Linux 操作系统的广泛应用显著降低了企业的 IT 成本；Java 以其跨平台应用的特点，得到了工业软件开发商的青睐；在人工智能领域，谷歌（Google）推出了 Tensor flow 开源引擎，使得企业可以快速开展相关应用；智能机器人领域的开源操作系统 ROS，使得 IT 专家能够快速开发机器人应用；ARM 公司发布了开源的物联网操作系统 Mbed OS。在 CAD 软件领域，Intelli CAD 技术协会（Intelli CAD Technology Consortium，ITC）提供了一个类似 AutoCAD 的 CAD 开源平台，也在全球吸引了很多软件开发商。

7. 工业软件的运行平台从 PC 转向移动端 工业软件的运行平台从以 PC 为主，走向支持多种移动操作系统（安卓、iOS）和微信小程序等。如果要开发支持多个移动操作系统的 APP，对于工业软件开发商而言，无疑需要并行维护多套系统。因此，很多工业软件开发商选择了基于 HTML5 来开发适应 Windows 和多种移动操作系统的软件。

第三节　主要工业软件概览

一、ERP

企业资源计划（enterprise resource planning，ERP），是制造企业的核心管理软件。ERP 系统的基本思想是以销定产，协同管控企业的产、供、销、人、财、物等资源，帮助企业按照销售订单，基于产品的制造物料清单（BOM）、库存、设备产能和采购提前期、生产提前期等因素，准确地安排生产和采购计划，进行及时采购、及时生产，从而降低库存和资金占用，帮助企业实现高效运作，确保企业能按时交货，实现业务运作的闭环管理。ERP 的发展经历了 MRP、闭环 MRP（考虑企业的实际产能）、MRP Ⅱ（结合了财务与成本，能够分析企业的盈利）等发展过程，ERP 的概念是由 Gartner 公司在 20 世纪 90 年代提出，能够适应离散和流程行业的应用，大型 ERP 软件能够支持多工厂、多组织、多币种，满足集团企业管控以及上市公司的合规性管理等需求（图 4−1）。

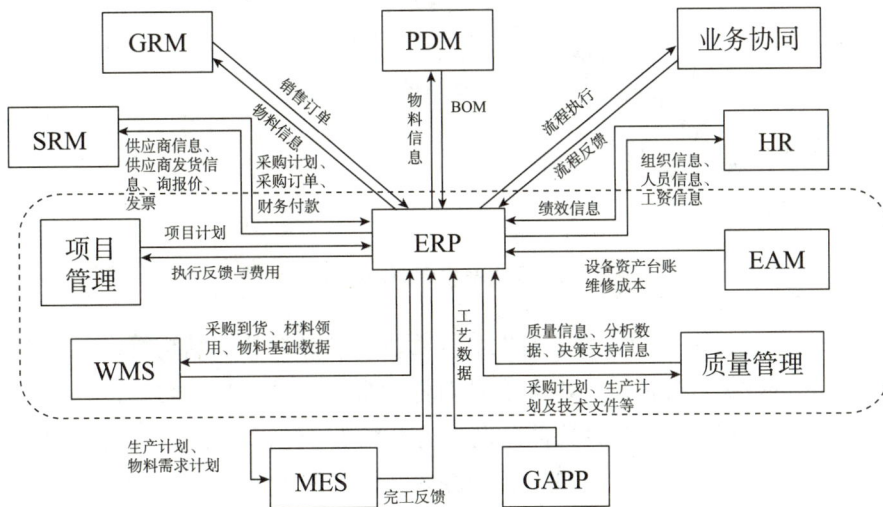

图 4−1　ERP 功能组成

二、MES

制造执行系统（manufacturing execution system，MES），是一个车间级的管理系统，负责承接 ERP 系统下达的生产计划，根据车间需要制造的产品或零部件的各类制造工艺，以及生产设备的实际状况进行科学排产，并支持生产追溯、质量信息管理、生产报工、设备数据采集等闭环功能。在应用方面，MES 是带有很强的行业特征的系统，不同行业企业的 MES 应用会有很大的差异。

近年来，制造运营管理（manufacturing operation management，MOM）逐渐被业界所关注。2000 年，美国仪器、系统和自动化协会（Instruments Systems Association，ISA）首次提出 MOM 概念，并定义 MOM 的覆盖范围是制造运行管理内的全部活动，包含生产运行、维护运行、质量运行、库存运行四大部分，极大地拓展了 MES 的传统定义。MOM 与 MES 之间并非是非此即彼的替代关系，MOM 是对 MES 的进一步扩展，是制造管理理念升级的产物，相对而言，更符合集成标准化、平台化的发展趋势。

三、PLM

全球权威 PLM 研究机构 ClMdata 认为，产品生命周期管理（PLM）是应用一系列业务解决方案，支持在企业内和企业间，协同创建、管理、传播和应用，贯穿整个产品生命周期的产品定义信息，并集成人、流程、业务系统和产品信息的一种战略业务方法。随着 PLM 技术的发展，CIMdata 在此基础上进一步延伸了对 PLM 的内涵：PLM 不仅仅是技术，还是业务解决方案的一体化集合；它协同地创建、使用、管理和分享与产品相关的智力资产；它包括所有产品/工厂的定义信息，如 MCAD、AEC、EDA、ALM 分析、公式、规格参数、产品组、文档等，还包括所有产品/工厂的流程定义，例如与规划、设计、生产、运营、支持、报废、再循环相关的流程；PLM 支持企业间协作，跨越产品和工厂的全生命周期（图 4-2），从概念设计到生命周期终结。

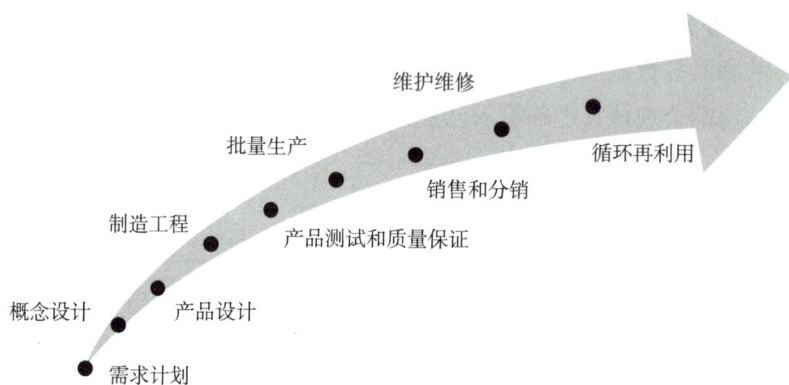

图 4-2　产品生命中周期管理（PLM）

PLM 软件的核心功能包括图文档管理、研发流程管理、产品结构、结构管理、BOM 管理、研发项目管理等。为满足特定的数据管理需求，PLM 有针对性地提供一系列集中功能，例如：工程变更管理、配置管理、元件管理、产品配置器、设计协同、设计成本管理、内容和知识管理、技术规范管理、需求管理、工艺管理、仿真管理和设计质量管理。针对嵌入式软件开发，衍生出 ALM 系统；针对维修服务过程，衍生出 MRO 和服务生命周期管理（SLM）系统。通过 PLM 与 ERP、MES 以及其他运营管理系统的集成，实现统一的产品数据在生命周期不同阶段的共享和利用。

四、CAD

计算机辅助设计（computer aided design，CAD）软件，是指利用计算机及其图形设备，帮助工程师设计和制造实体产品的软件程序。CIM data 将 CAD 软件分为多学科机械 CAD（简称多学科 CAD）和以设计为核心的机械 CAD（简称设计 CAD）。

1. 多学科 CAD　主要指全功能的机械 CAD 系统，支持绘图、三维几何造型、实体造型、曲面造型（包括汽车行业应用的 A 级曲面）和特征造型，基于约束和特征的设计（或具备类似功能，如相关设计），集成的工程分析、集成的 CAM 系统（包括数控编程），以及其他产品开发功能。

2. 设计 CAD　与多学科 CAD 相比，提供的专业软件包较少，例如，不提供线束设计、深奥的分析功能 CAM 等，这些专业模块由第三方的开发商提供，通过一个比较简单的 CAD 数据管理软件集成起来，以设计为核心的机械 CAD 系统通常只提供基本的实体建模和二维绘图功能，不提供数据管理功能，属于基于文件的系统。

除应用在机械领域之外，还有用于电气设计领域的电气 CAD 软件，可以帮助电气工程师提高电气设计的效率，减少重复劳动和差错率；此外还有钣金 CAD、模具 CAD 等专业软件。近年发展起来的基于直接建模的 CAD 软件，以及结合实体造型和直接建模技术的同步建模的 CAD 系统，进一步提升了 CAD 系统进行三维造型和编辑的灵活性。同时，以工程绘图功能为主的二维 CAD 软件也还将长期存在。但是，实现全三维 CAD 设计和 MBD 已成为业界的共识。

五、EDA

电子设计自动化（electronic design automation，EDA），是指利用计算机辅助工具完成大规模集成电路芯片的功能设计、综合、验证、物理设计等流程的设计。ClM data 将 EDA 定义为设计、分析、仿真和制造电子系统的工具，包括从印制电路板到集成电路。由于 EDA 涉及电子设计的各个方面，这使得 EDA 软件非常多，可以归纳为电子电路设计及仿真工具、印制电路板（printed circuit board，PCB）设计软件、可编程逻辑器件（programmable logic device，PLD）设计软件、集成电路（integrated circuit，IC）设计软件等类别。EDA 的核心功能包括数字系统的设计流程、印制电路板图设计、可编程逻辑器件及设计方法、硬件描述语言 VHDL、EDA 开发工具等。当前，EDA 已成为集成电路产业链的命脉，从芯片设计、晶圆制造、封装测试，到电子产品的设计，都离不开 EDA 工具。

六、CAPP

计算机辅助工艺规划（computer aided process planning，CAPP）软件，包括工艺方案设计、工艺路线制定、工艺规程设计、工艺定额编制等制造工艺设计的相关工作。CAPP 是连接产品设计与制造的纽带，将产品设计信息转变为制造工艺信息。CAPP 技术可分为卡片式工艺编制和结构化工艺规划。

1. 卡片式工艺编制　采用"所见即所得"的形式填写工艺卡片，还可通过整体劳动力效能（overall labor effectiveness，OLE）等方式引入 CAD 工具完成工艺简图的绘制，可明显提高工艺编制的效率。但是，卡片式工艺编制因与产品数字模型脱节，缺乏产品结构信息。

2. 结构化工艺规划　软件基于三维 CAD 环境，关注工艺设计数据的产生与管理，可以实现对加工和装配工艺的可视化，物料、工艺资源、工艺知识均数据化、模型化，可以通过 PLM/PDM 系统承接设计 BOM、设计模型，用于制造物料清单（bill of material，BOM）的构建、标准作业程序（standard operating procedure，SOP）的内容编制，在编制过程中可对物料、工艺资源库、工艺知识库信息检索填写，提高编制效率和准确性，支持协同工艺设计以及工艺信息的版本管理。结构化工艺规划软件通过与 MES 的集成，可以将 SOP 下发到机台，直接用于生产制造，同时，也可以通过 MES 反馈工艺规划的执行情况，从而进行工艺优化。

七、CAE

计算机辅助工程（computer aided engineering，CAE），泛指仿真技术，包括对产品的物理性能和制造工艺进行仿真分析和优化设计的工艺软件。其中，工程仿真是指用计算机辅助求解复杂工程和产品结构强度、刚度、屈曲稳定性、动力响应、热传导、三维多体接触、弹塑性等力学性能的分析计算，以及结构性能的优化设计等问题的一种近似数值分析方法；工艺仿真包括冲压、焊接、铸造、注塑、折弯等工艺过程的仿真；性能仿真包括对产品在特定工况下的振动和噪声进行仿真、跌落仿真、碰撞仿真等；

优化软件则包括数值优化、拓扑结构优化等软件，还包括进行各类虚拟试验的软件。近年来，多物理场仿真、多学科仿真与优化技术发展迅速，仿真数据管理、仿真流程管理、仿真标准和仿真规范建设受到企业广泛关注。CIMdata 将 CAE 仿真分析定义为：包括诸如结构分析、多体仿真、计算流体力学和其他可以帮助工程师仿真真实世界中的载荷、应力以及功能的一系列技术，以便通过数字化建模实现仿真分析，探索新的设计和技术，评估各种可能性，对产品的性能进行深入评估。在拓扑优化技术的基础上，融合增材制造等工艺，创成式设计技术成为国际 PLM 和仿真软件巨头竞相研发和创新的新兴技术。

随着仿真技术已进入相对成熟的发展期，国际先进企业纷纷将仿真技术作为竞争的制胜法宝，仿真技术带来的效益越来越高，在产品创新和技术突破方面的作用也越来越大。目前，仿真技术已经被广泛应用于各行各业，在新型飞机、汽车、装备乃至新药与疫苗的研发与制造过程中，发挥着重要作用：通过系统仿真，优化产品整体设计方案；通过多物理场仿真，提升产品性能；通过工艺仿真，提高产品品质和可制造性；通过虚拟试验，减少实物试验；通过数字孪生，实现虚实融合，优化产品运营，改进下一代产品的性能。

八、数字化工厂规划与仿真

传统的工厂规划流程一般是基于产品进行工艺规划，然后进行节拍分析及优化，最后进行物流、辅助区域及厂房总体规划，这些规划相互关联，逻辑复杂，传统方式往往依赖经验计算，很难得到最优的结果。随着虚拟建模和仿真技术的大力发展，工厂规划可基于产品的三维数字模型进行工艺流程开发，然后根据产品工艺进行产线规划设计，最后通过产线仿真验证工厂的规划是否可行、是否满足设计需求。数字化工厂规划与仿真的内容主要包含数字化工艺规划、产线规划设计、产线仿真验证。

1. 数字化工艺规划 在于针对产品数模进行加工工艺和装配工艺规划、节拍分析和加工过程仿真，并形成工艺流程图。

2. 产线规划设计 是基于工艺流程图和标准工时，对设备、产线、物流区域等布局进行初步的三维设计及方案评估与优化，再完成三维厂房的建模及仿真。

3. 产线仿真验证 是对产线规划的方案进行评估，验证产能是否符合设计需求，包括模拟实际的生产状况，分析瓶颈，验证产线的产能，以及物流路径与运作的仿真。同时，通过仿真进一步优化物流装备、物流路径以及库位，提高精益能力。最后，通过虚拟调试对整个产线系统进行测试，利用工厂、车间、制造机器的模型，模拟运行整个或部分生产流程，在产线正式投产前对重要功能和性能进行测试，以消除设计缺陷。

九、CAM

计算机辅助制造（computer aided manufacturing, CAM），是用来创建零件制造的数控设备代码的软件，其核心是基于零件的三维模型，利用可视化的方式，根据加工路径以及工装设备，模拟现实中机床加工零件的整个过程，并自动生成机床可以识别的 NC 代码。此项技术的关键是能够真实模拟现实的 2.5 轴、3 轴、5 轴等数控机床的运动，能够支持并识别不同厂商、不同型号的数控机床。CAM 软件已广泛应用于汽车、飞机、国防、航空航天、计算机、通信电子、重型工业、机床仪器、医疗设备、能源电力、娱乐玩具、消费产品等行业的制造企业。通过 CAM 的应用，可以实现 NC 代码生成、刀具路径规划及仿真、数控机床加工仿真、基于 NC 程序的数控加工过程仿真、板材激光切割系统、5 轴加工、生产工艺仿真、后置处理等。随着加工技术的不断进步，CAM 技术正在不断发展，数控仿真技术可以对数控代码的加工轨迹进行模拟仿真和优化。同时，数控仿真技术也支持对机床运动进行仿真，从而避免在数控加工过程中由于碰撞、干涉而对机床造成损坏。图 4-3 为典型的产品设计与制造过程。

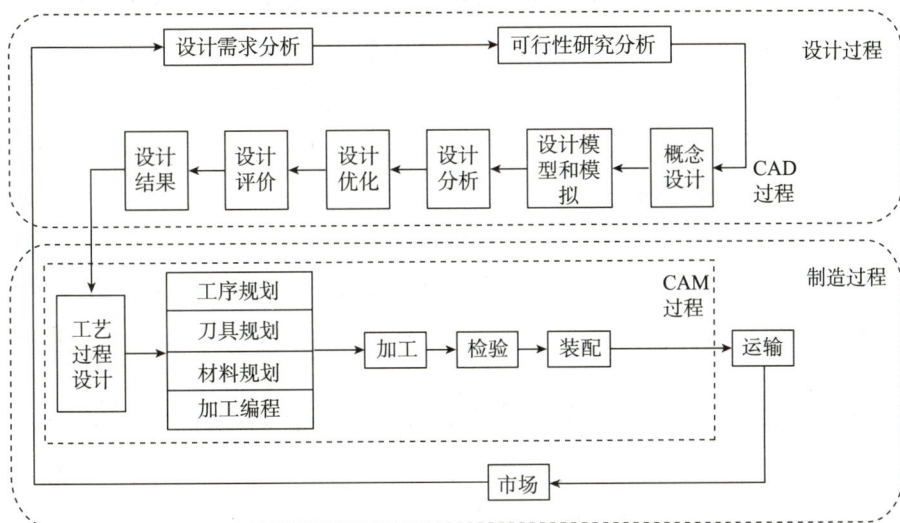

图 4-3　典型的产品设计与制造过程

第四节　我国工业软件产业发展状况

一、概述

在我国工业软件市场上，有众多不同类型的厂商，包括国内涉及工业应用的泛行业大型软件公司、以研发自主版权工业软件为主的工业软件公司、以提供国外软件实施服务为主业的服务型工业软件公司、以分销和代理国外软件为主业的工业软件公司，以及国外独资的软件公司。

在产品创新数字化领域，有一批实力较强的中国本土软件企业，可以分为三类：第一类是发源于高校的企业；第二类是隶属于大型央企的企业；第三类是纯民营企业。其中，大部分公司的成立时间都超过 10 年，有些超过 20 年。

我国工业应用软件市场的主流厂商中，二维 CAD 和三维 CAD/CAM 软件已在国际市场具有一定影响力，客户遍及制造业和 AEC 行业；CAPP 软件和工艺管理方面也出现了一批实力很强的企业，形成了三维结构化工艺和可制造性分析软件，PDM/PLM 系统也有诸多用户；在 PDM 和加密软件等领域出现了一批具有较强竞争力的企业，在国内首创系统仿真软件，还推出了三维浏览器；智能物流和 MES 领域、一体化的 PDM/PLM 解决方案，也有部分企业立足；SPD 船舶设计软件在业内产生了广泛的影响力。此外，部分研发项目管理、研发绩效管理系统在企业中得到了广泛应用，所有产品都具有自主知识产权。

在仿真软件领域，有企业自主研发了精益研发平台，开发了声学仿真、大尺度仿真、综合设计仿真、需求分析、基于模型的系统工程（model-based systems engineering，MBSE）等软件，提供工程咨询，构建了仿真云平台，还进入了增材制造领域；还有公司致力于实现工业技术软件化和知识自动化，开发了工程中间件平台，构建了大量工业 APP，能够快速构建针对特定产品的设计系统；还有企业致力于高端装备产品数字化研发，最新推出多学科设计/仿真协同系统，将虚拟现实技术融入飞行模拟中，同时提供研发工具和系统仿真平台等。

在产品创新数字化领域，也有一批优秀的服务厂商。他们一方面与国外工业软件合作，推广和实施知名的 CAX 和 PLM 软件，同时也开发自主的软件和解决方案。如形成了智能研发、智能生产、智能保障、智能管理和知识工程五大领域的自主软件，开发了 BOM 管理软件，能够满足企业进行复杂产品配置的需求，还开发了成本管理软件，以及专注于服务生命周期管理等。

在管理软件领域，涌现出一批 ERP 厂商成为国内市场的主力军，如在加速云方面有企业战略转型并取得了突破性成果；还有一些企业形成了完整的智能工厂解决方案；一些老牌 ERP 厂商仍坚守在管理信息化领域，在军工和机床行业拥有不少客户。

目前，中国 MES 市场集中度非常低，国内厂商处于群雄并起、机遇与挑战并存的时代，云集了百余家 MES 软件厂商。MES 厂商行业属性明显，有的企业长期致力于烟草行业，有的深耕于冶金行业，有的专注于汽车与装备制造，有的重点服务电子行业，有的专注于装备制造业，还有的专注于半导体行业等。

在供应链管理软件领域，有企业提供集私有云和公有云灵活部署的全面供应链解决方案；还有的企业是专业的物流供应链云服务提供商，并成为用友的生态合作伙伴；有的致力于提供精益的物流管理软件；还有的致力于为制造企业提供一体化供应链解决方案。

在 BI 领域，有的产品覆盖企业各种数据分析应用场景，提供一站式商业智能解决方案；有的是制造业领域专业且资深的 BI 解决方案供应商，为生物医药、零售、运输与物流等行业提供数据分析整体解决方案；有的是以管理会计为核心发展起来的商业智能软件提供商；还有的致力于帮助企业快速建立商业智能平台。

CRM 是另一个厂商专注的热门领域，有不少企业受 Salesforce 在 SaaS CRM 领域取得巨大成功的影响获得了投资，还有一系列厂商在 OA、协同办公与 BPM 软件领域推出了知识管理系统。此外，还有劳勤等劳动力管理主流软件。

我国 DCS 市场中，在流程行业外、核电、轨道交通、化工与石化行业等领域广泛应用。在 PLC 市场方面，国产厂商较多较为活跃。

在组态软件方面，国内市场主要从 20 世纪 90 年代初开始自主研发，经过长期发展，占据了较大的市场份额。

近年来，在工业互联网热潮下，工控安全引起企业广泛关注，国内许多安全厂商也推出了相关配套的工业安全软件产品。如推出专门针对工业安全的软件套件，满足企业的生产安全以及相关行业合规性要求。

在国家高度重视智能制造、工业互联网的政策激励下，不少大型工业企业也组建了工业软件和工业互联网平台公司。此外，还有一些专注于细分行业的专业软件公司也逐渐涌现。

二、发展特点

经过 30 多年的发展，中国工业软件市场呈现出以下特点。

1. 厂商众多，但呈现金字塔形态　顶部有少数大型软件企业，但多数属于中小型软件企业，有很多聚焦不同细分行业，定位在特定区域的工业软件公司。

2. 工业软件市场实现了开放与合作　国际知名的工业软件企业绝大多数都在中国建立了分支机构，发展了大量渠道合作伙伴，既服务国外工业企业在中国的分支机构与工厂，也在国企和民营企业中得到广泛应用。不少外企在中国的渠道合作伙伴并不仅仅满足于作国外软件的经销商，也针对我国工业企业的实际需求，开发了很多深层次的应用软件，而提出这些应用软件需求的，往往是各细分行业的龙头企业。

3. 一批老牌的国产工业软件企业执着于智能制造领域 一批老牌的国产工业软件诞生于 20 世纪 90 年代，在 20 多年的成长过程中，经历了风风雨雨，从 CAD 软件转型到提供智能制造整体解决方案，拥有海量的客户群。在管理软件领域，同样有一批老牌软件公司非常专注。

4. 工业软件市场也出现了新生代 一些新兴企业增长迅速，通过建立良好的生态系统，实现了跨越式发展。

5. 工业软件市场走向开放与开源 国产软件中望与浩辰的崛起，除了它们自身的技术和市场能力之外，早期阶段加入 ITC 联盟，应用 Intellicad 开源平台，实现与 AutoCAD 的高度兼容也是重要原因。工业软件企业也开始广泛应用开源数据库、开源人工智能引擎。

6. 工业软件各个细分市场的占有率差异很大 从工业软件行业细分产品结构来看，2020 年中国工业软件市场中嵌入式软件销售额占比接近 60%，其次是生产控制类、生产管理类。从研发设计软件的销售额来看，PLM 仍占据较大的市场份额，达到 27.05%。其次是 BIM 和 CAD 软件，占比分别为 14.41% 和 13.58%。在生产控制软件市场，国内生产过程控制软件在电力、化工、冶金等领域的产业化取得突破，MES 占据约三分之一的市场份额，比例达到 29%，DCS 占比 23%。

目标检测

1. 你觉得工业软件重要吗？体现在哪里？
2. 如果一家企业想要转型升级，光靠购买工业软件是否足够？若不够，请详细展开说说。
3. 你认为发展工业软件的关键是什么？

第五章　工业互联网与大数据

学习目标

1. **掌握**　物联网、工业互联网、工业大数据和云计算的概念。
2. **熟悉**　物联网、工业互联网、工业大数据和云计算之间的区别。
3. **了解**　国内外物联网、工业互联网、工业大数据和云计算的发展状况。
4. 能够说出工业网络设备的应用场景。

第一节　物联网

一、概述

物联网被称为继计算机、互联网之后，信息世界的"第三次浪潮"，已成为当前世界新一轮经济和科技发展的战略制高点之一。近年来，物联网已经引起产业界和学术界的广泛关注，层出不穷的物联网应用已经融入人们的日常生活当中，以中国、美国、欧盟、日本、韩国等为代表的国家和地区也陆续将物联网列为国家和地区科技和产业发展的重要领域之一。

物联网的概念最早在 20 世纪 90 年代被提出。1991 年，美国麻省理工学院（Massachusetts Institute of Technology，MIT）的 Kevin Ashton 教授首次提出了物联网的概念，他当时在宝洁公司做品牌管理，为了解决库存问题，他设想利用芯片和无线网络使得零售商能够实时获知货架上还有哪些商品，以及时知道哪些商品需要补货。1995 年，比尔·盖茨（Bil Gates）在他的《未来之路》（*The Road Ahead*）一书中描绘了一个物联网的世界，他设想在将来人们驾车驶过机场大门，电子钱包将会自动与机场购票系统连接购买机票，而机场检票系统会自动检测电子机票。1999 年，MIT 建立自动识别中心（MIT Auto – ID），最早提出为全球每个物品提供一个电子标签，以实现对所有实体对象的唯一有效标识，结合物品编码、无线射频技术（radiofrequency identification，RFID）和互联网等技术构建了物联网的雏形。2005 年，在突尼斯举行的信息社会世界峰会（World Summit on the Information Society，WSIS）上，国际电信联盟（International Telecommunication Union，ITU）发布《ITU 互联网报告 2005：物联网》，正式提出了物联网概念，全面而透彻地分析了物联网的可用技术、市场机会、潜在挑战和美好前景等内容。

二、世界发展状况

从物联网获得全世界的广泛认可起，就得到了各个国家或地区的广泛重视。

（一）美国"智慧地球"

2009 年，IBM 在美国工商界领袖"圆桌会议"上提出了"智慧地球"（smart planet）的概念，建议广泛部署感应器，将感应器嵌入和装备到电网、铁路、桥梁、隧道、供水系统、油气管道等各种设施中，将其普遍连接形成物联网，并通过超级计算机和云计算进行整合，转变个人、企业、组织、政府、自然系统和人造系统交互的方式，使之更加智慧。美国奥巴马政府对此给予了积极的回应。

（二）欧盟"欧洲物联网行动计划"

2009 年，欧盟执委会发表"欧洲物联网行动计划"（Internet of Things—An Action Plan for Europe）物联网行动方案，提出加强对物联网的管理、完善隐私和个人数据保护、提高物联网的可信度、推广标准化、建立开放式的创新环境、促进物联网的发展等建议，旨在确保欧洲在构建新型互联网的过程中起到主导作用。

（三）日本"i-Japan 战略 2015"

2004 年，日本总务省提出"u-Japan 计划"，力求实现人与人、物与物、人与物之间的连接，希望将日本建设成一个泛在网络社会。2009 年，日本继"u-Japan"后提出"i-Japan 战略 2015"，将物联网平台列为国家发展重点战略，大力发展电子政府和电子地方自治体，推动医疗、健康和教育的电子化。

（四）韩国"物联网基础设施基本规划"

韩国政府于 2006 年确立"u-Korea 计划"，旨在建立无所不在的信息化社会（ubiquitous society）。在此基础上，2009 年，韩国通信委员会出台《物联网基础设施构建基本规划》，将物联网确定为新增长动力，并提出到 2012 年实现"通过构建世界最先进的物联网基础设施，打造未来广播通信融合领域超一流信息通信技术强国"的目标，确定了构建物联网基础设施、发展物联网服务、研发物联网技术、营造物联网扩散环境四大领域。

（五）中国加快物联网应用步伐

物联网蓬勃发展至今还没有形成一个完全统一的定义。ITU 互联网报告对物联网给出了以下定义："物联网是通过二维码识读设备、射频识别装置、红外感应器、全球定位系统和激光扫描器等信息传感设备，按约定的协议，把任何物品与互联网相连接，进行信息交换和通信，以实现智能化识别、定位、跟踪、监控和管理的一种网络。"该定义是目前比较广为接受的一种定义，也是我国 2010 年政府工作报告中所附的注释中对物联网的定义。从对物联网的众多定义中我们可以看到，狭义上的物联网指连接物品到物品的网络，以实现物品的智能化识别和管理；广义上的物联网则可以看作信息空间与物理空间的融合，它将一切事物数字化、网络化，在物品之间、物品与人之间、人与现实环境之间实现高效信息交互，并通过新的服务模式使各种信息技术融入社会行为，是信息化在人类社会综合应用达到的更高境界。

目前，人们所普遍接受的物联网应该具备三个特征：①全面感知，即利用条形码、射频识别、摄像头、传感器、卫星、微波等各种感知、捕获和测量的技术手段，实时地对物体进行信息的采集和获取；②互通互联，即通过网络的可靠传递实现物体信息的传输和共享；③智慧运行，即利用云计算、模糊识别等各种智能计算技术，对海量感知数据和信息进行分析和处理，对物体实施智能化的决策和控制。目前，物联网的体系结构尚没有完全统一的标准，普遍为人们所接受的体系结构是物联网的三层体系结构，其将物联网分为三个层次，分别为感知层、网络层和应用层，如图 5-1 所示。

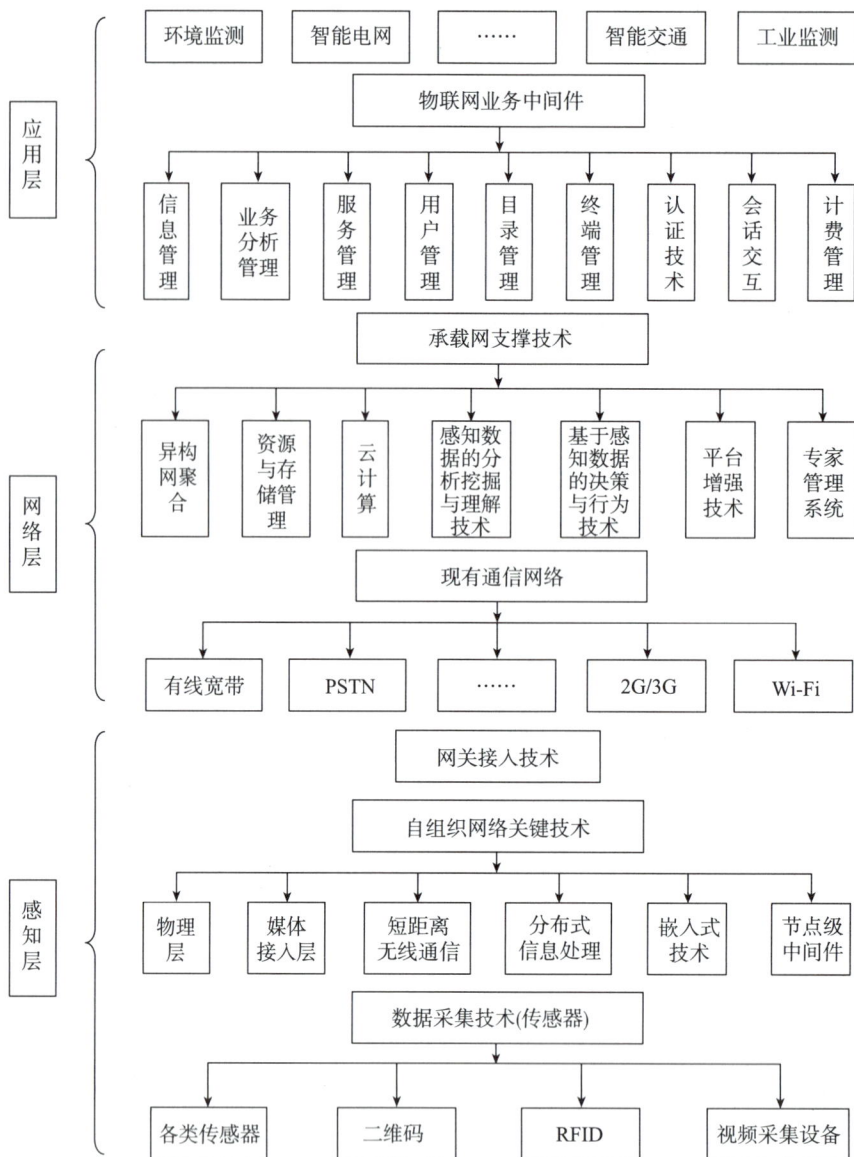

图 5-1 物联网的三层体系结构

1. 感知层 物联网感知层要解决的是人类世界和物理世界如何获取数据的问题，包括各类物理量、标识、音频、视频数据等。感知层主要包含数据采集和传感网两个部分。

（1）数据采集 利用传感器、RFID、多媒体设备、二维码和实时定位等技术，感知和采集物体和外界环境的信息，包括温度、湿度、光照、位置等。

（2）传感网 实现所获取数据的短距离传输、自组织组网以及多个传感器对数据的协同信息处理过程。感知层的关键技术包括传感器技术、射频识别技术、GPS 技术、自动识别技术、嵌入式计算技术、短距离通信技术、分布式信息处理技术等。

2. 网络层 物联网网络层的主要功能是利用现有的网络通信技术，实现感知数据和控制信息快速、可靠、安全的双向传递，使得用户能够随时随地获取高质量的服务。网络层建立在 Internet 和移动通信网等现有网络基础上，关键技术包括以蓝牙（Bluetooth）、红外、ZigBee、超宽带（ultrawideband，UWB）、Wi-Fi 等为代表的无线网络技术和 3G/4G/5G 移动通信技术等。

3. 应用层 物联网应用层包括了各种不同业务或者服务所需要的应用处理系统，这些系统对数据进行处理、分析，执行不同业务，并将处理和分析后所得的结果进行反馈，对终端用户提供不同服务。应用层主要包含应用支撑子层和物联网应用两部分。

（1）应用支撑子层　对数据进行集成、存储、处理、分析和挖掘，从数据中获取信息和知识，为物联网应用提供决策支持。

（2）物联网应用　实现物联网各种具体的应用并提供服务，常见的物联网应用包括工业监控、环境检测、智能交通、智能电网、卫生医疗等。物联网应用具有广泛的行业结合的特点，需要根据具体行业的特点和需求，统筹设计感知层和网络层以共同完成应用层所需要的具体服务。

第二节　工业互联网

一、工业互联网的内涵与外延

近年来，为了重塑美国制造业的全球竞争优势，美国启动了制造业振兴战略，加快发展技术密集型先进制造业，实现再工业化。作为先进制造业的重要组成部分，智能制造得到了美国政府、企业各层面的高度重视。美国政府启动了一系列计划和项目，作为世界上最大的多元工业集团，为了在开创和全面推进高技术战略智能化工业的时代进程中发挥主导力量，美国通用电气公司依托庞大的产业链、产品体系和技术实力，提出了自己的"工业互联网"概念，与美国政府的战略举措相呼应。在 GE 公司的未来构想中，工业互联网将通过智能机床、先进分析方法以及人的连接，深度融合数字世界与机器世界，深刻改变全球工业。2011 年，GE 在硅谷建立了全球软件研发中心，启动了工业互联网的开发，包括平台、应用以及数据分析。2012 年 11 月，GE 发布《工业互联网——冲破思维与机器的边界》报告，将工业互联网称为 200 年来的"第三波"创新与变革。2013 年，GE 宣布将在未来 3 年投入 15 亿美元开发工业互联网，并于同年发布《工业互联网@ 工作》（The Industrial Internet@ Work）报告，对工业互联网项目要开展的工作进行了细化。2014 年 3 月，GE 与 AT&T、思科、IBM 和英特尔共同发起成立了工业互联网联盟。2014 年末，GE 发布了《2015 工业互联网观察报告》，强调了大数据分析在工业互联网中的作用，并且针对赛博安全、数据孤岛和系统集成等挑战提出了解决思路和行动指南。

GE 公司认为，"工业互联网"是两大革命中先进技术、产品与平台的结合，即工业革命中的机器、设施与网络和互联网革命中的计算、信息与通信。"工业互联网"是数字世界与机器世界的深度融合，其实质也是工业和信息化的融合。与"工业 4.0"的基本理念相似，它同样倡导将人、数据和机器连接起来，形成开放而全球化的工业网络，其内涵已经超越制造过程以及制造业本身，跨越产品生命周期的整个价值链，涵盖航空、能源、交通、医疗等更多工业领域。GE 正在飞机发动机上诠释"智能"的概念。飞机发动机上的各种传感器会收集发动机在空中飞行时的各种数据，这些数据传输到地面，经过智能软件系统分析，可以精确地检测发动机运行状况，甚至预测故障，提示进行预先维修等，以提升飞行安全性以及发动机使用寿命。

工业互联网具备的三个核心元素是智能机器、高级分析和工作人员。其中，智能机器，是指将机器、设备、团队和网络通过先进的传感器、控制器和软件应用程序连接起来；高级分析，是指使用基于物理的分析方法、预测算法、自动化和材料科学、电气工程及其他关键学科的深厚专业知识来理解机器与大型系统的运作方式；工作人员，是指建立员工之间的实时连接，连接各种工作场所的人员，以支持更为智能的设计、操作、维护以及高质量的服务与安全保障。

GE 公司认为，"工业互联网"是 200 年来继工业革命和互联网革命之后的第三波创新与变革。第一波工业革命中，机器和工厂占据主角；第二波互联网革命中，计算能力和分布式信息网络占据主角；第三波工业互联网革命中，基于机器的分析方法所体现的智能占据主角，以智能设备、智能系统、智能决策这三大数字元素为显著特征。智能设备产生并交互智能信息，智能系统通过智能信息实现系统间智能设备的协同，具备知识学习功能的智能决策处理智能信息，并实现整个智能系统的全方位优化。

智能设备产生的大量数据是工业互联网实施的关键之一，工业互联网是数据流、软件流、硬件流和信息流及其交互。数据从智能设备和网络获取，使用大数据工具与分析工具存储、分析和可视化，由此产生的"智能信息"可以由决策者必要时进行实时判断处理，或者成为大范围工业系统中工业资产优化战略决策过程的一部分。智能信息还可以在机床、网络、个人或集体之间共享，方便进行智能协同并做出更好的决策。智能信息还可以反馈回原始机床，其中包括加强机床、机队和大型系统运行或维修的扩展数据，这个信息反馈回路可以使机床"学习"经验，通过机上控制系统表现得更加智能。

智能系统包括各种传统的网络系统，但广义的定义包括了部署在机组和网络中并广泛结合的机器仪表和软件。随着越来越多的机器和设备加入工业互联网，可以实现跨越整个机组和网络的机器仪表的协同效应。智能系统有几种不同的形式：网络优化，是指在一个系统内实现互联的机器，可以在网络上相互协作提高运营效率；维护优化，是指通过智能系统可以实现最优化、低成本，并有利于整个机组的维护；系统恢复，是指建立广泛的系统范围内的情报，可以帮助系统在经历大冲击之后更加快速、有效地恢复；学习，是指每台机器的操作经验可以聚合为一个信息系统，以使得整个机器组合加速学习，而这种加速学习的方式不可能在单个机器上来实现。

二、工业互联网的发展趋势

5G 时代的到来极大地促进了工业互联网的发展。互联网带宽的增长、传感技术的发展、计算和存储能力的迅速提升、IT 架构向组件化和微服务转型将带动工业互联网的广泛应用。工业互联网的发展呈现出以下趋势。

1. 新技术与工业互联网广泛融合　5G 与人工智能、大数据、云计算、边缘计算、AR/VR 等技术相结合，全面应用到工业互联网的各核心环节，在不同行业形成多个应用场景。

2. 重构工业应用的部署模式　将机理模型和数学模型相结合，构建成微服务组件库，将各种微服务固化为工业 APP，可以面向更加细分的场景，解决具体问题，并可被灵活集成调用。

3. OP CUA、TSN、5G 等构建新的网络体系　5G + TSN、5G + 工业以太网、SDN 等不同的网络技术组合，可以满足差异化的通信需求。

三、工业互联网的典型应用

工业互联网的应用范围很广，应用的行业也很多，例如离散制造、流程制造、物流行业、采掘业、工程建设与施工、公共事业等，涉及数字孪生、工业大数据分析、人工智能应用、边缘计算和 5G 等新兴技术。

工业互联网的典型应用可以分为以下四大类。

第一类：管控工程机械、车辆、农用机械、隧道施工设备、矿井掘进设备、船舶、飞行器等移动设备。具体应用包括设备定位、远程监控、故障预警、开机率大数据分析、设备履历管理、备品备件管理和服务生命周期管理等。

第二类：管控无人值守的固定设备，例如石油钻采设备，风电、光伏等发电设备以及公共事业（水、电、气制造与传输等）的关键设备，推进远程监控、运行优化、故障预警和资产管理等。

第三类：在物流运输过程中，对物流车辆的位置、状态（如冷链物流需要保持低温）进行监控，对运输路径进行优化等。

第四类：管控在制造企业车间中部署的关键生产设备、检测设备、物流设备和试验设备，对生产绩效、能耗、质量、设备、刀具、温湿度和物料配送等关键指标进行监控，从而实现工艺优化、节能降耗、提升产能、提高设备 OEE、防范安全事故、避免非计划性停机等。

其中第一类中工程机械制造和施工行业的工业互联网应用成熟度较高，这与工程机械行业销售方式转向租赁为主有密切关系，设备的所有者必须管控出租的移动设备，确保设备使用者按时付费，正常使用设备，做好远程维护。在这种需求驱动下，从 GPS 定位到远程锁机，再到故障诊断、备品备件管理、二手设备销售、设备资源调度及开机率大数据分析等，产生了很多务实应用，树根互联、徐工信息、天远科技、中科云谷等发源于工程机械行业的工业互联网平台和服务企业应运而生。第二类、第三类应用也产生了成熟案例，难度更大的应用是第四类，尤其是针对离散制造企业。

我国离散制造企业的车间设备数据采集和车间联网率很低，设备厂商众多，数据接口形式多种多样，工控协议繁多，因此，需要通过设备制造企业、工业数据采集厂商、工业自动化厂商、设备维修维护企业与工业互联网平台厂商多方协作，建立工业互联网应用的生态系统，才能取得实效。在此过程中，车间数据的采集、存储、展现、建模、权限管控、加密解密、分发、分析、优化与反馈是核心。制造企业对车间数据出厂上云非常敏感，可以采用在企业内部或私有云部署工业互联网平台，在工业互联网平台上构建各类 APP，如以各种型号机床维护 APP、OEE 分析 APP、能效管理 APP、质量分析 APP 的方式，来开展各种工业互联网应用，最终实现多方协作，多方受益。

关于工业互联网应用，制造企业需要思考以下七个关键问题。

1. 应用工业互联网的业务目标和预期价值　工业物联网应用广泛，通过对物联网采集的数据进行分析，可以帮助企业分析各类设备或产品的状态，实现对异常状态的预警或报警，从而实现预测性维护，避免非计划停机；还有助于帮助企业改进产品性能、降低能耗、保障安全等。通过对运输车辆的数据采集，可以掌握车辆运行的位置，以及运输货品的状态，实现制造商、第三方物流和货主的信息交互，实现运输资源的充分应用。还可以用于对污染物的监控，以及对无人值守的设备、对石油管道的远程监控和故障诊断等。在消费品行业，也有很多基于物联网的智能应用，例如智能家居。通过对各种设备的状态监控，还可以实现设备租赁和服务电商。企业在应用工业物联网之前，首先应当结合行业特点，明确自己的业务目标和预期价值。不同应用的难度差异很大，企业需要有清晰的认知。

2. 采集哪些有价值的数据，如何采集、传输、存储与分析　物联网应用的基础源于各种智能终端、传感器和智能仪表，加上 GPS 定位和网络传输的功能模块（Wi-Fi、4G 或 ZigBee 等）。低功耗的 NB-loT 技术为物联网的普及应用带来了巨大价值。当前，各类设备数据采集的接口方式差异很大，有些设备需要外接传感器。所以现在市场上也出现不少可以采集和传输数据的盒子，有些盒子具有一定的存储和数据处理能力。因此，企业要实现工业互联网应用，需要明确究竟要采集哪些有价值的数据；采集频率有多高；如何部署传感器；是要传输所有状态数据，还是只传输超出阈值的数据；海量数据如何存储；是基于私有云还是公有云；物联网数据的数据分析算法和数学模型是什么；数据如何分析与展现；数据异常的预警和处置方式是什么；如何实现物联网数据与企业业务流程的集成。

3. 中小型企业和大型企业进行工业互联网应用的显著差异　中小型制造企业进行工业互联网应用，可以直接选择基于公有云的工业互联网平台，这样相对比较容易。例如，树根互联就帮助生产高空作业车的龙头企业星邦重工实现了设备的定位，支持企业的设备租赁业务。对于大型制造企业，需要更加慎重地制定工业互联网的应用策略，考虑是否需要自己开发及运营工业互联网平台。如果选择自主开发或自主运营，就需要考虑与电信运营商、云平台进行合作。

4. 自主开发工业互联网应用还是利用工业互联网开发平台开发　工业互联网应用就像 ERP 应用可以选择自主开发和应用商品化的系统一样，工业互联网平台建设的路径也有不同的选择。可以选择工业互联网的云服务，用工业互联网开发平台来构建工业互联网应用，或者直接从底层开发工业互联网应用。相对而言，应用 Thing Worx 等工业互联网开发平台来开发工业互联网应用，对于多数企业而言，是一个经济有效的方式。

5. 如何实现工业互联网数据的共享、分发、分析与协同　设备运营企业、设备制造企业、零部件企业、维修企业，如何实现工业互联网数据的共享、分发、分析与协同，是工业互联网应用最复杂、最重要的问题。例如，中车集团如果要建立一个工业互联网平台来实现对旗下企业制造的高铁、动车、地铁车辆进行监控，进行故障预警和预测性维护，需要与铁路总公司、各地的地铁公司共享工业互联网数据，而各个整车制造企业、零部件制造企业应根据其制造的产品和零部件，共享相应的工业互联网数据，以便进行数据分析，研究自身产品出现的问题，改进产品和制造工艺。维修企业如果对某列车辆进行了维修，或者更换了备品备件，也需要在云平台上留下维修记录。如果某列地铁的车门出现故障，则信息应该传递到地铁公司，对应的站台门就不能打开。在保证信息安全、合理的数据访问权限，以及能够保证制造商的知识产权的前提下，进行工业互联网数据的共享，是工业互联网实现深化应用并取得实效的关键。同样道理，航空公司与飞机制造商也应当实现工业互联网数据的共享。

6. 工业互联网平台功能和部署方式的差异化与选型　很多工业互联网平台都强调自身的开放性，甚至实现开源，以便支持各种类型的应用。一个完整的工业互联网平台，前端应该能够集成各种类型的传感器，后端应当具有海量数据的存储和大数据分析能力，实现与应用系统的集成，支持各种行业应用。例如，GE 就基于 Pre dix 平台开发了卓越制造的套件，集成了在制品管理、质量管理、生产管理、路线优化等应用功能。因此，企业要进行工业互联网平台的选型，应当深入理解埃森哲提出的工业互联网应用成熟度模型，对各类工业互联网平台的开放性、集成能力、数据分析、行业应用功能进行深入比较。从部署方式来看，有些工业互联网平台的交付方式是公有云服务，有些工业互联网平台可以在企业内部部署，或者通过私有云方式部署。这也是企业进行工业互联网平台选型必须考虑的问题。

7. 工业互联网数据的安全与隐私保护问题　工业互联网应用产生的海量数据的分级存储、备份，以及数据安全、加密，是企业进行工业互联网应用需要考虑的一个重要问题。有些设备用户如军工企业，出于数据安全和隐私保护的考虑，不愿意设备制造商获取设备的状态数据。数据安全是工业互联网应用的前提，如果数据安全得不到保障，企业级的物联网深层次应用就难以实现。

综上所述，制造企业对于工业互联网应用，应当采取积极而又谨慎的态度，开展整体和系统的规划，再由浅入深，逐步开展工业级的联网应用。虽然目前工业互联网热潮涌动，但是我国的工业互联网应用还处于初级阶段，各界对工业互联网的认识与理解还不太统一。市场上已有的工业互联网平台实际上只能支持某些单点应用或特定功能，还缺乏真正基于多租户的工业互联网平台。各种平台之间要实现集成，涉及诸多的标准和安全问题。按照目前"百花齐放"的发展态势，势必形成很多"云孤岛"。

另外，要实现不同工业互联网平台上 APP 之间的互操作还面临很多难题。制造企业推进工业互联网应用，还需要认真梳理自己的需求，分析投资收益，不要盲目冒进。实现工业互联网应用，对用户企业，工业互联网平台开发商、运营商、APP 开发者，以及整个产业链而言，都还任重道远。

第三节　工业大数据

随着企业数字化转型的不断深入，企业积累的各种数据也越来越多，这些数据从分散到集中经历了较长的时间，但数据本身并不直接创造价值。因此，企业需要思考如何利用工业大数据分析工具，深入挖掘蕴藏在数据中的业务价值。

一、工业大数据的内涵

工业大数据是指在工业领域中，围绕典型智能制造模式，从客户需求到销售、订单、计划、研发、设计、工艺、制造、采购、供应、库存、发货和交付、售后服务、运维、报废或回收再制造等整个产品全生命周期各个环节所产生的各类数据及相关技术和应用的总称。

美国国家科学基金会（NSF）智能维护系统（IMS）产学合作中心的创始人和主任李杰教授在他的《工业大数据》一书中曾指出，在自动化设备产生了大量未被充分挖掘价值的数据、获取实时数据的成本不再高昂、设备的实时运算能力大幅提升，以及依靠人的经验已无法满足复杂的管理和优化的需求的条件下，大数据技术在工业领域逐渐兴起。

对制造企业而言，高效的处理和使用工业大数据将有利于企业在新一轮产业竞争中占据产业发展的制高点。工业大数据主要涵盖三类数据，即企业信息化数据、工业物联网数据以及外部跨界数据。

信息化数据是指传统工业自动化控制与信息化系统中产生的数据，如 ERP、MES 等。工业物联网数据是来源于工业生产线设备、机器、产品等方面的数据，多由传感器、设备仪器仪表进行采集产生。外部数据是指来源于工厂外部的数据，主要包括来自互联网的市场、环境、客户、政府、供应链等外部环境的信息和数据。工业大数据技术是使工业大数据中所蕴含的价值得以挖掘和展现的一系列技术与方法，包括数据规划、采集、预处理、存储、分析挖掘、可视化和智能控制等。归纳来说，主要包括数据采集技术、数据管理技术、数据分析技术。

（一）数据采集技术

工业软硬件系统本身具有较强的封闭性和复杂性，不同系统的数据格式、接口协议都不相同，甚至同一设备同一型号、不同时间出厂的产品所包含的字段数量与名称也会有所差异，因此无论是采集系统对数据进行解析，还是后台数据存储系统对数据进行结构化分解，都会存在巨大的挑战。由于协议的封闭，甚至无法完成设备的数据采集；即使可以采集，在工业大数据项目实施过程中，通常也需要数月时间对数据格式与字段进行梳理。挑战性更大的是多样性的非结构化数据，由于工业软件的封闭性，数据通常只有特定软件才能打开，并且从中提取更多有意义的结构化信息工作通常很难完成，这也给数据采集带来挑战。因此，先进的数据采集技术需要满足海量高速、支持采集的多样性、保证采集过程安全等特点。

未来，先进的数据采集技术并不简单地将数据通过传感器进行采集，而是构建一个多数据融合的数据环境，使产品全生命周期的各类要素信息能实现同步采集、管理和调用。此外，需要尽可能全地采集设备全生命周期各类要素相关的数据和信息，打破以往设备独立感知和信息孤岛的壁垒，建立一个统一的数据环境，这些信息包括设备运行的状态参数、工况数据、设备使用过程中的环境参数、设备维护记录以及绩效类数据等。最后，在先进的数据采集技术下，改变现有被动式的传感与通信技术，实现按需进行数据的收集与传送，即在相同的传感与传输条件下针对日常监控、状态变化、决策需求变化以及相关活动目标和分析需求，自主调整数据采集与传输的数量、频次等属性，从而实现主动式、应激式传感与传输模式，提高数据感知的效率、质量、敏捷度，实现数据采集的自适应管理和控制。

（二）数据管理技术

各种工业场景中存在大量多源异构数据，例如结构化与非结构化数据。每一类型数据都需要高效的存储管理方法与异构的存储引擎，但现有大数据技术难以满足全部要求。以非结构化数据为例，特别是对海量设计文件、仿真文件、图片、文档等，需要按产品生命周期、项目、BOM 结构等多种维度进行灵活有效的组织、查询，同时需要对数据进行批量分析、建模，对于分布式文件系统和对象存储系统均存在技术盲点。另外，从使用角度方面讲，异构数据需要从数据模型和查询接口方面实现一体化的管理。例如在物联网数据分析中，需要大量关联传感器部署信息等静态数据，而此类操作通常需要将时间序列数据与结构化数据进行跨库连接，因而先进的数据管理技术需要针对多模态工业大数据进行统一协同管理。

（三）数据分析技术

工业大数据分析技术包括多种技术，最常用的有 K 均值、BP 神经网络、遗传算法和贝叶斯理论等。其中，K 均值是最常用的主流聚类分析算法，BP 神经网络是较先进的数据挖掘分析方法。使用工业数据之前，许多用户不知道期望的目标，并且无法获取更多的数据应用背景知识，可以利用 K 均值算法构建一个自动聚类分析的大数据模式。例如通过分析后能够自动将工业设计数据划分为高、中、低等档次，企业可以把高档设计案例推荐给用户，促进商务达成。BP 神经网络可以通过机器学习获取相关指标关键特征，从而通过网络算法构建一个分类的预测系统，这样可以用于判断日常运行趋势，在设备的智能化健康维护中就较多地应用到这项技术。当前先进的数据分析技术包括以下几个方面。

1. 强机理业务的分析技术　工业过程通常是基于"强机理"的可控过程，存在大量理论模型，刻画了现实世界中的物理、化学、生化等动态过程。另外，也存在着很多的闭环控制、调节逻辑，让过程朝着设计的目标逼近。在传统的数据分析技术上，很少考虑机理模型（完全是数据驱动），也很少考虑闭环控制逻辑的存在。

2. 低质量数据的处理技术　低质量数据会改变不同变量之间的函数关系，这给工业大数据分析带来灾难性的影响。现实中，制造业企业的低质量数据普遍存在，例如 ERP 系统中物料存在"一物多码"问题，无效工况、重名工况、非实时等数据质量问题也大量存在。这些数据质量问题都大大限制了对数据的深入分析，因而需要在数据分析工作之前进行系统的数据治理。

工业应用中因为技术可行性、实施成本等原因，很多关键的量没有被测量，或没有被充分测量（时间/空间采样不够、存在缺失等），或没有被精确测量（数值精度低），这就要求分析算法能够在"不完备""不完美""不精准"的数据条件下工作。在技术路线上，可大力发展基于工业大数据分析的"软"测量技术，即通过大数据分析，建立指标间的关联关系模型，通过易测的过程量去推断难测的过程量，提升生产过程的整体可观可控。

二、工业大数据的发展趋势

随着智能制造与工业互联网概念的深入，工业产业进入了新一轮的全球性革命，互联网、大数据与工业的融合发展成为新型工业体系的核心，工业大数据的应用将带来工业生产与管理环节的极大升级和优化，其价值正在逐步体现和被认可。工业大数据是推进工业数字化转型的重要技术手段，需要"业务、技术、数据"的融合。这就要求从业务的角度去审视当前的改进方向，从 IT、OT、管理技术的角度去思考新的运作模式、新的数据平台、应用和分析需求，从数据的角度审视如何通过信息的融合、流动、深度加工等手段，全面、及时、有效地构建反映物理世界的逻辑视图，支撑决策与业务。因此，工业大数据的发展将呈现以下发展趋势。

1. 数据大整合、数据规范统一　工业企业逐步加强工业大数据采集、交换与集成，打破数据孤岛，实现数据跨层次、跨环节、跨系统的大整合，在宏观上从多个维度建立切实可行的工业大数据标准体系，实现数据规范的统一。另外，在实际应用中逐步实现工业软件、物联设备的自主可控，实现高端设备的读写自由。

2. 机器学习，数据到模型的自动建模　在实现大数据采集、集成的基础上，推进工业全链条的数字化建模和深化工业大数据分析，将各领域各环节的经验、工艺参数和模型数字化，形成全生产流程、全生命周期的数字镜像，并构造从经验到模型的机器学习系统，以实现从数据到模型的自动建模。

3. 构建不同领域专业数据分析算法　在大数据技术领域通用算法的基础上，不断构建工业领域专业的算法，深度挖掘工业系统的物理化学原理、工艺、制造等知识，满足企业对工业数据分析结果高置信度的要求。

4. 数据结果通过 3D 工业场景可视化呈现　进行数据和 3D 工业场景的可视化呈现，将数据结果直观地展示给用户，增加工业数据的可使用度。通过 3D 工业场景的可视化，实现制造过程的透明化，有利于过程协同。

第四节　云计算

一、云计算的发展背景及基本概念

在传统模式下，一个企业想要建立和开发一套系统，往往要花费较高的成本，不仅需要购买服务器、网络设备、存储设备等硬件设施，还需要购买商业软件，自行进行软件开发，并雇用专门人员对系统进行维护和更新。那么是否存在这样一种模式：企业不需要购买硬件或软件，而是向服务供应商以租赁的方式获取所需要的服务，这些服务供应商拥有大量的计算、存储、网络和软件等资源，他们将这些资源打包成服务出租给个人或企业使用？在这种模式下，用户不再是"购买产品"而是"购买服务"，他们不需要再面对复杂的软硬件，不需要时刻对系统进行维护，即使本地设备性能不高，由于存储和计算都可以由服务供应商提供，用户也可以实现复杂的系统功能，这就是云计算思想的产生。而早在 20 世纪 60 年代，斯坦福大学的 John McCarthy 教授就指出"计算机可能变成一种公共资源"，加拿大科学家 Douglas Parkhil 在其著作 *The Challenge of the Computer Utility* 中将计算资源类比为电力资源（用户所使用的电由电厂集中提供，而用户不需要在自家配备发电机），并提出了私有资源、公有资源、社区资源等概念。

2001 年，Salesforce 发布在线客户关系管理（customer relationship management，CRM）系统，用户只需每月支付租金就可以使用网站上的各种服务，包括联系人管理、订单管理等，这成为云计算 SaaS 模式第一个成功案例。2006 年，Amazon 推出弹性计算云（elastic compute cloud，EC2）服务，用户可以租用云端电脑运行所需要的系统，同年，Google 在搜索引擎大会上首次提出"云计算"（cloud computing）的概念。随后，云计算迅速成为学术界、IT 业界，乃至国家政府部门的研究和发展重点。在近十年间，国内外众多 IT 企业，如 Amazon、微软、Google、IBM、阿里巴巴、京东、百度、腾讯、华为、移动、联通、电信等纷纷成立云计算研究开发小组，与高校研究机构合作推出自己的云计算解决方案。我国也积极投入力量支持推进云计算产业的发展，2010 年，国务院发布《国务院关于加快培育和发展战略性新兴产业的决定》，将云计算的研发和示范应用列为发展战略性新兴产业工作的重点之一；2012 年，科技部印发《中国云科技发展"十二五"专项规划》，提出要在"十二五"末期突破一批云计算关键技术，包括重大设备、核心软件、支撑平台等方面；2017 年，结合《中国制造 2025》和"十三五"系列规划部署，工业和信息化部编制印发了《云计算发展三年行动计划（2017—2019 年）》，目标是到 2019 年我国云计算产业规模达到 4300 亿元，云计算服务能力达到国际先进水平。

自云计算的概念被提出以来，许多研究组织和 IT 企业对云计算从不同视角给出了自己的定义。美国国家标准与技术学院对云计算的定义是目前得到较为广泛认同和支持的："云计算是一种能够通过网络以便利的、按需付费的方式获取计算资源（包括网络、服务器、存储、应用和服务）并提高其可用性的模式，这些资源来自一个共享的、可配置的资源池，并能以最省力和无人干预的方式获取和释放。这种模式具有 5 个关键功能、3 种服务模式和 4 种部署方式。"从上述定义中可以看到，云计算不仅仅是一种 IT 技术，更是一种以大规模资源共享为基础的服务提供模式，它使得用户可以通过互联网按需访问资源池，有助于提高系统开发和部署速度，减少管理工作。

1. 云计算的 5 个关键功能　包括：按需自助式服务（on – demand self – service），即用户可以根据自身实际需求扩展和使用云计算资源；广泛的网络访问（broad network access），即通过网络分发服务，打破地理位置的限制和硬件部署环境的限制；资源池（resource pooling），即对 CPU、存储、网络等进行组织，将所有设备的计算能力放在一个池内，再统一进行分配；快速弹性使用（rapid elasticity），即服务商的计算能力根据用户需求变化能够快速而弹性地实现资源供应；可度量的服务（measured service），即一个完整的云平台能够对资源的使用情况进行监测、控制和管理，并将这些信息以可量化的指标反映出来。

2. 云计算的 3 种服务模式　包括：IaaS（Infrastructure – as – a – Service，基础设施即服务）、PaaS（Platform – as – a – service，平台即服务）、SaaS（Software – as – a – service，软件即服务）。在 IaaS 模式下，服务供应商将由多台服务器组成的"云端"基础设施作为计量服务提供给用户，用户按需获取实体或虚拟的计算、存储和网络等资源，在服务过程中，用户需要向 IaaS 服务供应商提供基础设施的配置信息、运行于基础设施的操作系统和应用程序，以及相关的用户数据。之前所提到的 Amazon EC 2 就是典型的 IaaS 服务。在 PaaS 模式下，服务供应商将软件研发的平台作为服务提供给用户，包括开发环境、服务器平台、硬件资源等，用户在平台上使用软件工具和开发语言根据基础框架开发应用程序，而无须关注底层的网络、存储、操作系统的管理问题。

Google App Engine 是 Google PaaS 服务的代表产品，用户可以在 Google 的基础架构上开发和运行网络应用程序。SaaS 是云计算应用最为广泛的服务模式，在 SaaS 模式下，服务供应商将应用软件统一部署在自己的服务器上，软件的维护、管理和软件运行所需的硬件支持都由服务供应商完成，用户只需向供应商租赁或订购应用软件服务就可以随时随地在接入网络的终端设备上使用应用软件。之前所提到的 Salesforce 的在线 CRM 就是典型的 SaaS 服务，企业只需要上传客户和订单数据就可以得到相应的分析结果。

3. 云计算的 4 种常见部署方式　包括：公有云（public cloud）、社区云（community cloud）、私有云（private cloud）和混合云（hybrid cloud）。

（1）公有云　是由第三方云提供者拥有可公共访问的云环境，个人或企业用户付费获取公有云中的计算资源。

（2）社区云　类似于公有云，只是它的访问被限制为特定的云用户社区，社区的云用户成员通常会共同承担定义和发展社区云的责任。

（3）私有云　是由一家组织单独拥有的，可以使用户（组织中的各个部门）本地或远程访问不同部分、位置或部门的 IT 资源。

（4）混合云　是由两个或更多不同云部署模式组成的云环境，例如，云用户可能会选择把处理敏感数据的云服务部署在私有云上，而将其他不那么敏感的云服务部署在公有云上。

大数据的核心是"数据"，是如何基于数据对服务过程进行优化和改善；而云计算的核心是"计算"，是如何实现计算资源的共享。大数据关注业务流程，即从数据采集、预处理、传输、存储到分析和挖掘；而云计算关注解决方案，即搭建 IT 架构对计算资源进行整合和分配。大数据与云计算的关系是相辅相成的，从技术上来看，云计算中的关键技术，包括分布式存储技术、并行处理技术等都是大数据技术的基础，云计算能够将计算任务分布在大量计算机构成的资源池上并行进行，显著提升了数据处理速度，很好地支持了大数据的处理需求。从商业上来看，一方面，云计算使得用户能够根据需求向云服务供应商获取计算处理服务，这大大降低了大数据处理的成本和难度，使得任何企业都可以以一种经济、便捷的方式从大数据中挖掘有价值的信息；另一方面，企业大数据的业务需求也为云计算的落地提供了丰富的应用场景，促进了云计算的快速发展。

二、云计算的关键技术

云计算由许多主要的技术组件支撑，这些使能技术互相配合实现了云计算的关键功能。

1. 宽带网络和 Internet 架构　云用户和云服务供应商通常利用 Internet 进行通信，因而云服务的质量受到云用户和云服务供应商之间的 Internet 连接服务水平的影响，其中网络带宽和延迟又是影响服务水平的主要因素。在实际场景中，云用户和云服务供应商之间的网络路径上可能包含多个不同的网络服务供应商（internet service provider，ISP），多个 ISP 之间服务水平的管理是有难度的，这需要双方的云运营商进行协调，以保证其端到端服务水平能够满足云服务的业务需求。

2. 数据中心技术　数据中心是一种特殊的 IT 基础设施，用于集中放置 IT 资源，包括服务器、数据库、网络与通信设备以及软件系统，它有利于提高共享 IT 资源使用率，有利于提高 IT 人员的工作效率，有利于提高能源共享水平，方便云服务供应商对资源进行维护和管理。数据中心常见的组成技术与部件包括虚拟化，硬件和架构的标准化与模块化，配置、更新和监控等任务的自动化，远程操作与管理，确保高可靠性的冗余设计等。

3. 虚拟化技术　是一种计算机体系结构技术，通常指计算机相关模块在虚拟的基础上而不是真实独立的物理硬件基础上运行，比如多个虚拟机共享一个实际物理 PC，通过虚拟机软件在物理 PC 上抽象虚拟出多个可以独立运行各自操作系统的实例。大多数 IT 资源都能够被虚拟化，包括服务器、桌面、存储设备、网络、电源等。虚拟化技术有助于资源分享，实现多用户对数据中心资源的共享；有助于资源定制，用户可以根据需求配置服务器，指定所需要的 CPU 数目、内存容量、磁盘空间等；有助于细粒度资源管理，将物理服务器拆分成多个虚拟机，从而提高服务器的资源利用率，有助于服务器的负载均衡和节能。

4. 分布式技术　分布式系统架构具有传统信息处理架构不可比拟的优势，在分布式系统中，系统拥有多种通用的物理和逻辑资源，可以动态地分配任务，这些分散在各处的物理和逻辑资源可以通过计算机网络实现信息交换，而对于用户而言，并不会意识到多个处理器或存储设备的存在，其所感受到的是一个系统的服务过程。分布式系统架构的构建技术包括以 GFS、HDFS 为代表的分布式文件系统，以

Big table、H base 为代表的分布式数据库系统，以 Map Reduce 为代表的分布式计算技术等。

此外，还包括常用作云服务的实现介质和管理接口的 Web 技术，使得多个云用户能够在逻辑上同时访问同一应用的多租户技术，以 Web 服务等为基础的实现和建立云环境的服务技术，以及确保云服务保密性、完整性、真实性、可用性，能够抵御网络威胁、漏洞和风险的云安全技术。

第五节　工业网络设备与系统

从广义上来说，智能制造（intelligent manufacturing，IM）是一系列计算机技术、通信技术、自动控制技术、人工智能技术、可视化技术、数据搜索与分析技术等技术思想、原理、协议、产品与解决方案共同支撑并与专家智慧、管理流程与经过。

一、计算机网络

自 20 世纪 60 年代以来，计算机网络技术一直在持续不断地发展，深刻地改变着人与社会的方方面面，时至今日，网络已经被广泛地应用于人们的日常生活、科学、经济、军事、教育和工业等各种领域之中。

计算机网络，是指将地理位置不同的具有独立功能的多台计算机及其外部设备通过通信线路连接起来，在网络操作系统、网络管理软件及网络通信协议的管理和协调下，实现资源共享和信息传递的计算机系统。计算机网络依据其覆盖的范围，可以分为个域网（personal area network，PAN）、局域网（local area network，LAN）、城域网（metropolitan area network，MAN）和广域网（wide area network，WAN）。

计算机网络有两种重要的网络体系结构，分别是 OSI 参考模型和 TCP/IP 参考模型。尽管与 OSI 参考模型联系在一起的协议很少被人使用，但该模型本身具有相当的普遍意义，并仍然有效；TCP/IP 参考模型则与之相反，它的模型很少被使用，但它的协议却被广泛应用。

（一）OSI 参考模型

如图 5 - 2 所示，该模型基于国际标准化组织（International Standards Organization，ISO）的提案建立，被称为 ISO 的开放互联系统（Open Systems Interconnect on，OSI）。OSI 参考模型共有 7 层，从下至上分别是物理层（physics layer）、数据链路层（datalink layer）、网络层（network layer）、传输层（transport layer）、会话层（session layer）、表示层（presentation layer）和应用层（application layer）。各层之间通过接口联系，上层通过接口向下层提出服务请求，下层通过接口向上层提供服务。两台计算机通过网络进行通信时，只有物理层通过介质直接进行数据传输，其他层则通过通信协议传输。

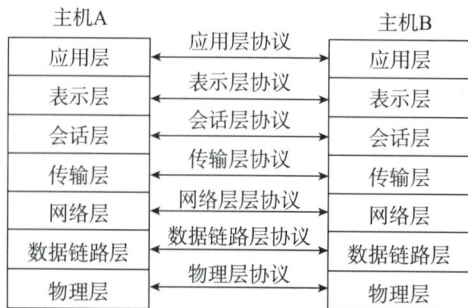

图 5 - 2　OSI 参考模型

1. 物理层　关注的问题是如何在不同的介质上以电气（或其他模拟）信号传输原始比特，确保当发送方发送比特1时，接收方接收到的也是比特1。

2. 数据链路层　负责将一个原始的传输设施转变为一条没有漏检传输错误的线路，该层中的数据交换单元为数据帧（data frame）。

3. 网络层　主要功能是控制通信子网的运行，解决定址和寻址的问题，即如何将数据包从源端路由（route）到接收方。传输层的基本功能是接收来自会话层的数据，在必要的时候将数据分割成较小的单元，再将这些数据单元传递给网络层，并确保这些数据单元能够正确到达另一端。

4. 会话层　允许不同机器上的用户建立对话，常见的服务包括对话控制（dialog control）、令牌管理（token management）和同步功能（synchronization）。

5. 表示层　关注的是传递信息的语法和语义，用于解决不同计算机可能有不同的内部数据表示法的问题。

6. 应用层　包含了用户常用的各种协议，比如被广泛应用的超文本传输协议（Hypertext Transfer Protocol，HTTP）。

（二）TCP/IP 参考模型

最早起源于美国国防部资助的一个研究性网络 ARPANET，该体系结构以其中两个最主要的协议——传输控制协议（Transmission Control Protocol，TCP）和因特网协议（Internet Protocol，IP）命名。TCP/IP 参考模型缩减 OSI 参考模型的 7 层为 4 层模型，从下至上分别是数据链路层（link layer）、互联网层（Internet layer）、传输层（transport layer）和应用层（application layer）。OSI 参考模型和 TCP/IP 参考模型之间的比较如图 5-3 所示。

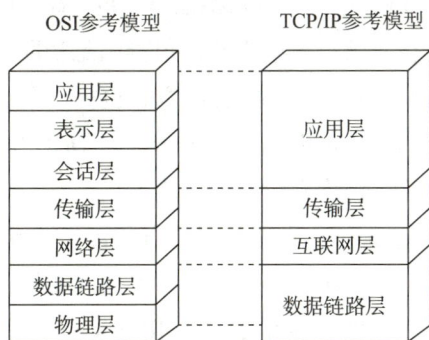

图 5-3　OSI 参考模型和 TCP/IP 参考模型

1. 数据链路层（网络接口层）　对应于 OSI 参考模型中的物理层和数据链路层，描述了链路必须完成的功能。链路层并不是一个真正意义上的层，而是主机与传输线路之间的一个接口，参与互联的各网络使用自己的物理层和数据链路层协议，然后与 TCP/IP 的链路层进行连接。

2. 互联网层　将整个网络体系结构贯穿在一起的关键层，其大致对应于 OSI 参考模型中的网络层。该层的主要任务是允许主机将数据包注入任何网络，并且让这些数据包独立地到达接收方。互联网层定义了官方的数据包格式和协议，该协议就是因特网协议，与之相伴的还有一个辅助协议，称为因特网控制报文协议（Internet Control Message Protocol，ICMP）。

3. 传输层　对应于 OSI 参考模型中的传输层，其设计目标是为应用层实体提供端到端的通信功能，保证数据包的顺序传送及数据的完整性。传输层定义了两个端到端的传输协议：传输控制协议和用户数据报协议（User Datagram Protocol，UDP）。传输控制协议是一个可靠的、面向连接的协议，规定在正式收发数据前发送方和接收方必须先建立可靠的连接，它允许源机器发出的字节流正确无误地交付到网络上的另一台机器；用户数据报协议是一个不可靠的、无连接的协议，被广泛应用于客户机 – 服务器类型的查询应用，以及那些及时交付比精确交付更加重要的应用。

4. 应用层   包含了传输层以上所有的高层协议，包括虚拟终端协议（TELNET）、文件传输协议（File Transfer Protocol，FTP）、简单电子邮件协议（Simple Mail Transfer Protocol，SMTP）和域名系统（Domain Name System，DNS）等。

二、IPv6

因特网协议是 TCP/IP 参考模型中互联网层的核心协议，它的主要任务是将数据包（data packet）从源主机传送到目的主机，为此，其定义了数据包的结构并将需要传送的数据进行封装，同时定义了用于标记数据源和目的地信息的寻址方法。IPv4（Internet Protocol version 4）是因特网协议的第 4 版，也是目前被广泛使用的因特网协议，它的下一个版本就是 IPv 6。

在因特网协议中，每个 IP 数据报（datagram）包含头部和正文两个部分。IPv4 的数据报头由一个 20b 的定长部分和一个可选变长部分组成，其中，源地址（source address）字段和目标地址（destination address）字段表示源网络接口和目标网络接口的 IP 地址（IP address）。IP 地址是因特网协议提供的一种统一的地址格式，它为互联网上每一个网络和主机分配了一个逻辑地址，以屏蔽物理地址的差异，实现网络寻址的功能。

在物联网中，一种被广泛应用的物联网节点寻址方式是采用 IPv4 地址的寻址体系来进行节点的寻址，但随着物联网的快速发展，IPv4 在物联网中的诸多应用问题逐渐显露出来。

1. 地址空间和地址分配方式   IPv4 的一个明确特征是它的 32b 地址，这意味着 IPv4 总共拥有近 43 亿个地址。时至今日，IPv4 的地址空间已经日渐匮乏，很难满足物联网庞大的节点数量对海量地址的需求。同时，物联网中海量地址的需求对网络地址的分配方式也提出了更高的要求，在这种环境下，使用传统的动态主机配置协议（dynamic host configuration protocol，DHCP）进行地址分配，对网络中 DHCP 服务器的性能和可靠性要求极高，可能会造成服务器性能不足。

2. 网络移动性   IPv4 在设计之初没有充分考虑到节点移动性带来的路由问题，即当一个节点离开其原有网络接入另一个网络时，如何再保证这个节点访问可达性的问题。为解决该问题，互联网工程任务组（internet engineering task force，IETF）推出了移动 IPv4（mobile IPv4）的机制来支持节点的移动。在该机制中，移动节点在接入外地网络后向家乡代理（home agent）注册一个转交地址（care – of address），家乡代理将收到的数据包通过一条"隧道"传送至转交地址，外地代理（foreign agent）在转交地址处提取原始数据包递送给移动节点。由于通信对端并不知道移动节点的当前位置，因此发送的报文不能使用路由协议提供的最佳路由，这会导致著名的三角路由问题，在物联网大量节点的移动中，该问题会引起网络资源的迅速耗尽。

3. 网络服务质量（quality of service，QoS）   IPv4 网络中主要通过集成服务（IntServ）和区分服务（DiffServ）两种方式来提供 QoS。集成服务通常使用资源预留协议（resource reservation protocol，RSVP），在发送数据前，支持 RSVP 的应用要向支持 RSVP 的网络请求特定类型的服务，只有确定网络设备能够提供所要求的服务时应用才会发送数据。集成服务能够提供绝对保证的 QoS，但其可扩展性差，对路由器的要求较高，在不支持集成服务的节点或网络上无法实现真正意义上的资源预留。区分服务使用差分服务代码点（differentiated services code point，DSCP），在每个 IP 数据报头部的区分服务（differentiated services）字段中写入编码值来区分优先级，应用直接发送数据，路由器会根据接收到的数据的区分服务字段执行相应的转发行为。区分服务实现简单，可扩展性好，但很难提供基于流的端到端的质量保证，仅考虑业务网络侧的质量需求（如视频业务因有低丢包、时延等要求而相对数据业务被分配较高的服务质量等级），而缺乏对业务在应用上的质量需求的考虑。

4. 物联网节点的安全性和可靠性　很难依靠传统的应用层加密技术和网络冗余技术来实现，因为受成本约束，物联网节点往往是基于简单硬件的设备，无法处理复杂的算法。IPv6 协议标准 RFC 2460 由 IETF 于 1998 年 12 月正式发布。为了解决上述 IPv4 在物联网应用中面临的问题，采用基于 IPv6 的物联网技术解决方案逐渐成为学术界、电信界和工业界的共识。

三、蓝牙、ZigBee、超宽带技术

随着通信技术和微计算机技术的快速发展，无线网络（wireless network）技术得到了爆炸式的发展与应用。无线网络可以不通过电缆或电线，而是以无线电波作为载体，利用无线电技术、红外线技术及射频技术等传输技术进行数据传输。无线网络的显著优点在于其不受网络电缆的约束，可以避免布线成本，具有很高的可移动性。无线网络可以根据其规模大小划分为无线个域网（wireless personal area networks，WPAN）、无线局域网（wireless local area networks，WLAN）、无线城域网（wireless metropolitan area networks，WMAN）和无线广域网（wireless wide area networks，WWAN）。

无线个域网是在 10 米距离范围内将属于个人使用的设备，如个人计算机、手机、便携式打印机、智能家电产品等用无线技术连接起来，自组成网络，不需要使用无线接入点（access point，AP）。WPAN 的 IEEE 标准由 802.15 工作组制定，IEEE 802.15 主要规范了 WPAN 的物理层和介质访问控制层（Media Access Control，MAC）标准。用于 WPAN 的网络通信技术很多，其中最具代表性的是满足低功耗、低成本、易操作等优点的蓝牙传输技术、ZigBee 以及超宽带技术。

1. 蓝牙技术　蓝牙是爱立信（Ericsson）公司于 1994 年推出的支持短距离通信的无线电技术，工作在全球通用的 2.4GHzISM（工业、科学、医疗）频段，如今这项技术由蓝牙技术联盟（Bluetooth Special Interest Group，Bluetooth SIG）管理和制定规范。使用蓝牙技术可以将计算机与通信设备、附加部件和外部设备进行无线连接，有效简化移动通信终端之间以及设备与互联网之间的通信。

蓝牙技术规定每一对设备之间在进行通信时必须有一方是主设备（master），另一方是从设备（slave），通信时，由主设备依靠专用的蓝牙芯片，使设备在短距离范围内发送无线信号寻找可被查找的蓝牙设备，当主设备找到从设备后便可与从设备进行配对，此时需要输入从设备的个人识别码（personal identification number，PIN），配对完成后设备之间便可开始通信和传输数据。主设备与从设备可以形成一点对多点的连接，即在主设备周围组成一个微微网（piconet），一个主设备最多可与网内的 7 个从设备相连接，一个有效区域内的多个微微网可以通过节点桥接组成散射网（scatter net）。

蓝牙技术的通信协议采用分层体系结构，从底层往上依次是底层协议、中间协议和高端应用协议。蓝牙底层模块是蓝牙技术的核心模块，主要由天线收发器（radio frequency，RF）、基带（base band，BB）、链路管理协议（link manager protocol，LMP）和主机控制器接口（host controller interface，HCI）组成。

（1）底层协议　包括无线层协议、基带协议和链路管理层协议，分别由相应的蓝牙模块实现。

（2）中间协议　层建立在 HCI 之上，为高层应用协议在蓝牙逻辑链路上工作提供服务，为应用层提供各种不同的标准接口，主要协议包括逻辑链路控制和适应协议（logical link control and adaptation protocol，L2CAP）、服务发现协议（service discovery protocol，SDP）、串口仿真协议（radio frequency communication，RFCOMM）和二进制电话控制协议（binary telephony control protocol，TCS - BIN）。

（3）高端应用协议　由选用协议层组成，选用协议包括点对点协议（point to point protocol，PPP）、

因特网协议、传输控制协议、用户数据报协议等。

蓝牙技术因具有全球可用、应用范围广、易于使用、规格通用等优点，被广泛应用于智能家居、智能办公、智能交通、智能医疗、娱乐消遣等方面。2016 年 6 月，蓝牙技术联盟发布蓝牙 5.0 标准，在原 4.2 标准上进一步改善，不仅使得其传输速度提升 1 倍至 2Mb/s，传输距离增加到 300 米，而且针对物联网应用进行了优化，优化了底层设备的功耗和性能，并增加了室内定位的辅助功能。

2. ZigBee 技术   长期以来，在工业控制和自动化领域中一直存在对低价格、低传输率、短距离、低功耗无线通信组网的需求，蓝牙技术是一种解决方案。但对于大规模工业自动化应用而言，蓝牙的成本较高，且建立连接的时间较长，功耗较大，并且组网规模太小，另外，工业自动化要求无线数据的传输必须是可靠的，能够在工业现场各种电磁信号的干扰下保真。基于此需求，2001 年，IEEE 802.15.4 工作组开始制定 IEEE 802.15.4 标准，同年 ZigBee 联盟成立。2004 年，ZigBee V 1.0 协议正式问世并在随后的几年中得到了完善，2015 年，ZigBee 3.0 标准正式发布。

ZigBee 的命名来源于蜜蜂的"8"字舞，蜜蜂在发现花丛后会通过一种肢体语言来告知同伴食物源的位置信息，而这种肢体语言就是 ZigZag 型舞蹈。ZigBee 是基于 IEEE 802.15.4 标准的无线网络技术，主要面向工业自动控制，可工作在 2.4GHz（全球流行）、868MHz（欧洲流行）和 915MHz（美国流行）三个频段上，其最大的特点是低功耗、低成本、低速率（20～150kb/s）、短时延、高可靠、高安全，传输距离在 10～180 米，并且 ZigBee 网络可支持的节点数量（256 个或更多）和覆盖规模比蓝牙网络要大得多。ZigBee 的技术特点使其适用于数据采集与控制的节点较多、数据传输量不大、覆盖面要求较广、造价要求较低的应用领域，在家庭应用、工业监控、医疗保健和智能交通等领域都有着很大的应用空间。

ZigBee 协议栈参照 OSI 参考模型建立，采用分层结构，从底层往上依次是物理层、介质访问控制层、网络层和应用层，其中物理层和介质访问控制层由 IEEE 802.15.4 标准定义，网络层和应用层由 ZigBee 联盟定义。

（1）物理层   主要定义了无线信道和介质访问控制层之间的接口，负责电磁波收发器的管理、频道选择、能量和信号侦听及利用，规定可以使用的频道范围。

（2）介质访问控制层   负责控制和协调节点使用物理层的信道，提供接口来访问物理层信道，定义了什么时候节点应该怎么样来使用物理层的信道资源，以及如何分配使用信道资源和什么时候释放资源等。介质访问控制层的核心是信道接入技术，包括时分复用保证时隙（guaranteed timeslot，GTS）技术和带冲突避免的载波监听多路访问（carrier sense multiple access with collision avoidance，CSMA/CA）技术。

（3）网络层   在介质访问控制层和应用层之间起着重要的作用，主要实现新建网络、加入网络、退出网络、路由传输等功能，它使得应用层的数据能够利用介质访问控制层到达最终的目的地。网络层主要包含三个互相协作的组件：ZigBee 设备对象（ZigBee device object，ZDO），负责定义每一个设备的功能和角色（协调者或普通终端设备）；应用框架（application framework，AF），包含应用对象（application object），用于定义应用层服务；应用支持子层（application support sub-layer，APS），负责把底层的服务和控制接口提供给整个应用层，把应用层以下的部分和应用层连接起来。

（4）应用层   网络层以上的部分是应用层，主要向终端用户提供接口。

3. 超宽带技术   超宽带（ultrawideband，UWB）是一种不用载波，而采用时间间隔极短（小于 1 纳秒）的脉冲进行通信的方式，也称作脉冲无线电（impulse radio，IR），这种通信方式占用带宽非常宽，且由于频谱功率密度很小，因此具有通常扩频通信的特点。通过在较宽的频谱上传送极低功率的信号，UWB 能在 10 米左右的范围内达到数百 Mb/s 至数 Gb/s 的数据传输速率。UWB 技术出现于 20 世纪 60 年代，最初主要应用在军方雷达系统中，1989 年，美国国防部首次使用"超宽带"这一术语。2002 年，美国联邦通信委员会（Federal Communications Commission，FCC）发布关于 UWB 无线设备的初步规定，正式将 3.1~10.6GHz 频带作为室内通信用途的 UWB 开放，这标志着 UWB 开始用于民用无线通信，自此之后，许多国家通信机构陆续颁布了类似规定，UWB 技术的发展步伐逐步加快，越来越多地被应用于精确地理定位、地质勘探、汽车安全、智能家电、家庭数字娱乐等方面。

UWB 的基本工作原理：用户要传输的信息和表示该用户地址的伪随机码，分别或合成后对在发送端产生的具有一定重复周期的脉冲序列进行一定方式的调制，调制后的脉冲序列驱动脉冲产生电路，形成具有一定脉冲形状和规律的脉冲序列，再放大到所需功率，耦合到 UWB 天线发射出去；接收端的天线接收到的信号经过放大器放大后送到相关器（correlator）的一个输入端，相关器的另一个输入端加入一个本地产生的与发送端同步的经用户伪随机码调制的脉冲序列，信号和脉冲序列经过相关器处理后产生一个仅包含用户传输信息以及其他干扰的信号，信号再经解调运算后即可得到原始信息。其间的关键技术包括脉冲信号的产生、信号的调制和信号的接收等。UWB 的优势集中体现在其拥有较强的抗干扰性、较高的传输速率、较低的功耗、较好的保密性和较高的穿透力，也正是由于这些技术特点，有人在 UWB 刚出现时就将其视为"蓝牙杀手"。

四、Wi-Fi 技术

无线通信技术与计算机网络结合产生了无线局域网技术，其中，遵从 IEEE 802.11 标准的 Wi-Fi 便是 WLAN 的主要技术之一。尽管现在人们常把 Wi-Fi 和 IEEE 802.11 混为一谈，甚至将 Wi-Fi 等同于无线局域网，但确切地说，Wi-Fi 是一个无线网络通信技术的品牌，它的持有者为国际 Wi-Fi 联盟（Wi-Fi Alliance）。20 世纪 90 年代末，IEEE 802.11 陆续定义了一系列无线局域网标准，为了改善基于 802.11 标准的无线网络产品之间的互通性，工业界成立了 Wi-Fi 联盟，该组织通过在无线局域网范畴内进行无线相容性认证（wireless fidelity）来解决产品的兼容性问题，基于此发展了一种新的短距离无线传输技术，也就是我们现在常用的 Wi-Fi。

IEEE 802.11 有多种版本，不同版本以 a、b、g、n、ac 等标识，如 2009 年 9 月成为无线局域网正式标准的 IEEE 802.11n，以及它的继任者 IEEE 802.11ac。不同标准的差异主要体现在使用频段、调制模式、信道差分等物理层技术方面，如 IEEE 802.11n 可以在 2.4GHz 和 5GHz 两个频段工作。架设使用 Wi-Fi 的无线局域网的基本配置是无线网卡以及无线接入点。在无线局域网中，无线网络用户需要配备无线网卡并与一个无线接入点相关联才能获取上层网络的数据，无线接入点通过信号台将服务集标识（service set identifier，SSID）封装成信标帧广播出去，在广播范围内的 Wi-Fi 客户端都可以接收到信标帧并决定是否与相应的接入点建立连接。由于每个无线接入点可能关联多个无线网络用户，并且一个区域内可能存在多个无线接入点，因此往往会有多个用户同时使用相同的信道传输数据。为了避免无线连接的相互干扰，IEEE 802.11 采用了带冲突避免的载波监听多路访问的介质访问控制协议，其工作原理是当设备侦听到信道空闲时，需要先维持一段时间，并再等待一段随机的时间，若信道依然空闲才能发送数据包。

使用 Wi-Fi 技术，用户可以在有无线信号覆盖区域的任何位置接入网络，与有线接入技术相比，这打破了对终端用户活动范围的限制，大大增加了用户移动性。此外，Wi-Fi 还具有传输速度快（IEEE 802.11ac 的理论最高速率为 866Mb/s）、功耗低、建设方便、投资经济等优势。但同时 Wi-Fi 技术也存在一些不足，主要体现在传输质量的不稳定性和安全性。

五、移动通信技术

1. 第一代（1st generation，1G）移动通信系统　诞生于 20 世纪 80 年代，典型的代表有由美国

AT&T 开发的高级移动电话系统（advanced mobile phone system，AMPS）、曾在北欧国家使用的北欧移动电话系统（nordic mobile telephone，NMT），以及英国的总访问通信系统（total access communications system，TACS）等。1G 基于蜂窝结构组网直接使用模拟语音调制技术，只能用于一般语音的传输，其特点是业务量小、质量和安全性差、没有加密并且传输速度低。

2. 第二代（2nd generation，2G）移动通信系统　引入数字无线电技术组成的数字蜂窝移动通信系统，不同于 1G 直接以模拟信号的方式进行语音传输，其采用数字调制技术，除具有通话功能外，也可以支持部分低速（几 kb/s）数据业务，如短信和传输量低的电子邮件。2G 根据所采用的多路复用（multiplexing）技术分为两类：一类是基于码分多址（code division multiple access，CDMA）技术发展而来的系统，如美国高通公司（Qualcomm）与美国电信工业协会（Telecommunication Industry Association，TIA）制定的 IS-95CDMA；另一类是基于时分多址（time division multiple access，TDMA）技术发展而来的系统，如源于欧洲的全球移动通信系统（global system for mobile communication，GSM）。

在 2G 到 3G 的过渡时期，有一种常被人们称为 2.5G 的移动通信系统，它是 2G 的扩展和加强，能够提供一些 3G 具有的特别功能。2.5G 的技术进步主要在于通用分组无线服务（general packet radio service，GPRS）的应用，它是 GSM 移动电话用户可以使用的一种移动数据业务，能够使移动设备发送和接收电子邮件和图片信息。

3. 第三代（3rd generation，3G）移动通信系统　采用了支持高速（几百 kb/s 以上）数据传输的蜂窝网络移动电话技术，是结合无线通信与国际互联网等多媒体通信的新一代移动通信技术，它能够处理图像、音乐、视讯形式，提供网页浏览、电话会议、电子商务信息服务。3G 的几个主流标准制式包括 WCDMA（wideband CDMA）、CDMA2000、TD-SCDMA（time division-synchronous CDMA）和 WiMAX，我国于 2009 年由工业和信息化部颁发了三张 3G 牌照，分别是中国联通的 WCDMA、中国电信的 CDMA 2000 和中国移动的 TD-SCDMA。

4. 第四代（4th generation，4G）移动通信系统　3G 之后的延伸，是超过 3G 能力的新一代移动通信系统。早在 1999 年，国际电信联盟就将"第三代之后"移动通信系统的标准化问题提上了日程，当时的提法是"BeyondIMT-2000"（International Mobile Telecom System-2000，也就是我们常说的 4G），2005 年正式更名为 IMT-Advanced。ITU 无线电通信部门（ITU Radio Communication Sector，ITU-R）于 2008 年指定了一组用于 4G 标准的要求，命名为 IMT-Advanced 规范，设置 4G 服务的峰值速度要求在高速移动的通信达到 100Mb/s，固定或低速移动的通信达到 1Gb/s。2009 年初，ITU 在全世界范围内征集 IMT-Advanced 候选技术，所征集的技术主要有两类：一类是由 3PGP（3rd generation partnership generation，第三代合作伙伴计划）组织制定的通用移动通信系统（universal mobile telecommunication system，UMTS）技术标准的长期演进（long term evolution，LTE），其中包括我国提交的 TD-LTE-Advanced（LTE-Advanced TDD 制式，TDD 是时分双工，即 time division duplexing 的缩写）；另一类是基于 IEEE 802.16m 的技术。我国于 2013 年由工业和信息化部颁发 4G 牌照，中国移动、中国电信和中国联通获得 TD-LTE 牌照，2015 年中国电信和中国联通获得 FDD-LTE（frequency division duplexing，频分双工）牌照。

5. 第五代（5th generation，5G）移动通信系统　与前几代移动通信相比，第五代（5th generation，5G）移动通信系统的业务提供能力将更加丰富，面对多样化场景的差异化性能需求，5G 需要整合多种技术，无法像以往一样以某种主要技术为基础形成针对所有场景的解决方案。近年来，中国、韩国、日本、欧盟和美国都在投入相当的资源研发 5G 网络。2015 年 6 月，ITU 将 5G 正式命名为 IMT-2020，将移动宽带、大规模机器通信和高可靠低时延通信定义为 5G 主要应用场景。5G 网络综合考虑 8 大技术指标，包括峰值速率达到 20Gb/s，用户体验数据率达到 100Mb/s，频谱效率比 IMT-Advanced 提升 3 倍，移动性达到 500km/h，时延达到 1ms，连接密度每平方千米达到 106 个，能效比 IMT-Advanced 提升

100 倍，流量密度每平方米达到 10Mb/s。在 2016 年 11 月举办的第三届世界互联网大会上，美国高通公司展示了他们研发的可以实现"万物互联"的 5G 技术原型。2017 年 12 月，3GPP（国际电信标准组织）宣布冻结并发布 5GNR（new radio）的首发版本，5G 首个标准落地。在该标准的制定过程中，中国作为全球 5G 标准总设计师的一员做出了卓越贡献。2018 年 2 月，沃达丰（Vodafone）和中国华为公司宣布完成了首次 5G 通话测试。

我国 IMT－2020（5G）推进组发布的《5G 概念白皮书》，将 5G 的关键技术分为无线技术和网络技术两方面。在无线技术领域，大规模天线阵列、超密集组网、新型多址技术和全频谱接入等技术已经成为业界关注的焦点；在网络技术领域，基于软件定义网络（software defined network，SDN）和网络功能虚拟化（network function virtualization，NFV）的新型网络架构已取得广泛共识。此外，基于滤波的正交频分复用（filtered OFDM，F－OFDM）、滤波器组多载波（filter bank multicarrier，FBMC）、全双工、灵活双工、终端直通（device－to－device，D2D）、多元低密度奇偶检验（Q－ary low density parity check code，Q－ary LDPC）码、网络编码、极化码等也被认为是 5G 重要的潜在无线关键技术。

6. 第六代（6th generation，6G）移动通信系统 也被称为第六代移动通信技术，可促进产业互联网、物联网的发展。2021 年 11 月 16 日，工信部发布《"十四五"信息通信行业发展规划》，将开展 6G 基础理论及关键技术研发列为移动通信核心技术演进和产业推进工程，提出构建 6G 愿景、典型应用场景和关键能力指标体系，鼓励企业深入开展 6G 潜在技术研究，形成一批 6G 核心研究成果。2025 年，6G 将在中国进行标准化制定。2030 年左右，实现商用。

在 5G 的应用场景基础上，6G 将新增人工智能和感知两大应用场景。6G 网络将是一个地面无线与卫星通信集成的全连接世界。通过将卫星通信整合到 6G 移动通信，实现全球无缝覆盖，网络信号能够抵达任何一个偏远的乡村，让深处山区的病人能接受远程医疗，让孩子们能接受远程教育。此外，在全球卫星定位系统、电信卫星系统、地球图像卫星系统和 6G 地面网络的联动支持下，地空全覆盖网络还能帮助人类预测天气、快速应对自然灾害等，这就是 6G 未来。6G 通信技术不再是简单的网络容量和传输速率的突破，它更是为了缩小数字鸿沟，实现万物互联这个"终极目标"，这便是 6G 的意义。6G 的数据传输速率可能达到 5G 的 50 倍，时延缩短到 5G 的十分之一，在峰值速率、时延、流量密度、连接数密度、移动性、频谱效率、定位能力等方面远优于 5G。

目标检测

1. 你认为工业互联网与互联网的区别在哪里？

2. 结合教材，请谈谈你对在智能制造中如何用好物联网、工业大数据的想法。

3. 在日常学习生活中，你是否听说过云计算？你对云计算的发展趋势有何想法？

第六章 典型案例与深度解析

学习目标

1. **掌握** 智能制造在汽车、医药行业等的应用特点。
2. **熟悉** 智能制造在汽车、医药行业等的发展趋势。
3. **了解** 国内外生物医药智能制造的优势。
4. 能够分辨案例中的智能制造转型成功与否。

第一节 智能制造在汽车行业的案例解析

当前，全球汽车制造业正在经历以自动化、数字化、智能化为核心的新一轮产业升级，瞬息万变的市场需求和激烈竞争的复杂环境，要求汽车的制造系统表现出更高的灵活性、敏捷性和智能性，同时随着汽车产品性能的完善、功能的多样化和新技术的不断出现，产品所包含的设计和工艺信息量会大量增加，随之生产线和生产设备内部的信息流量增加，制造过程和管理工作的信息量也会剧增。具体来讲，全球汽车制造业面临的主要课题包括：开发轻量化、智能化的产品；由封闭的大规模流水线生产向开放的规模化定制生产转变；汽车产业与信息通信、互联网等产业融合，衍生更多的商业模式等。在这场新的变革中，汽车制造商、零部件供应商、软件提供商等站在各自需求角度对智能工厂都有着各自的解读，也因此带来了不同层面的实践，以及不同形态的智能制造解决方案。

从全球的实践来看，汽车智能制造具有以智能工厂为载体，以关键制造环节智能化为核心，以端到端数据流为基础，以网络互联为支撑等特征，可有效缩短产品研制周期，降低运营成本，提高生产效率，提升产品质量，降低资源能源消耗。从整车厂来看，冲压、焊装、涂装、总装四大工艺中，机器人的大量应用已屡见不鲜；而在汽车零部件企业中，智能机床，自动化、柔性化生产线，数字化设备等正在逐渐大量应用。

一、智能制造在汽车制造业中的应用和特点

智能制造在汽车制造业中的应用体现在五个方面：生产设备网络化，实现车间"物联网"；生产数据可视化，利用大数据分析进行生产决策；生产文档无纸化，实现高效、绿色制造；生产过程透明化，实现对作业流程精准和高效的管控；生产现场无人化，机器人广泛使用。

1. 生产设备网络化 物联网是指通过各种信息传感设备，实时采集任何需要监控、连接、互动的物体或过程等各种需要的信息，其目的是实现物与物、物与人，以及所有物品与网络的连接，方便识别、管理和控制。在汽车制造业中的应用体现在以车间为对象，研究网络覆盖制造过程全要素的实时感知与传输的关键共性技术，实现车间运行实际过程数字化，支撑车间实际运行过程的仿真、优化及实时控制，为车间综合智能管控提供支撑平台。

2. 生产数据可视化 汽车生产企业通过生产数据可视化，实现了生产计划及时发布、生产信息实时显示、异常信息快捷传递、全厂车体实时跟踪、产品质量可追溯、设备状态可监控、物流依指示配送，提高了汽车工厂生产信息化与电气控制系统集成度，解决了系统间的"信息孤岛"问题，为汽车生产企业由粗放型生产向精益化管理转变提供了良好的技术基础。在汽车大数据产业时代，以数据驱动的智能制造体系将覆盖汽车生产制造全领域，厂商将从集中式生产转变为分散式生产，从只有产品转变为"产品＋数据"，从生产驱动价值转变为数据驱动价值，产业结构发生重大转移。数据和智能决策是智能制造生产数据可视化的核心，研究汽车产业链上大数据技术及其应用成为汽车企业核心竞争力的关键。

3. 生产文档无纸化 目前，传统制造企业中会产生繁多的纸质文件，如工艺过程卡片、零件蓝图、三维数模、模具清单、质量文件及数控程序等。这些纸质文件大多分散管理，不便于快速查找、集中共享和实时追踪，而且易产生大量的纸张浪费和丢失等。生产文档进行无纸化管理后，工作人员在生产现场即可快速查询、浏览及下载所需要的生产信息，生产过程中产生的资料能够即时进行归档保存，大幅降低了基于纸质文档的人工传递及流转，从而杜绝了文件及数据丢失，进一步提高了生产准备效率和生产作业效率，实现了绿色、无纸化生产。

4. 生产过程透明化 随着汽车制造企业之间竞争的日趋激烈，新产品推出的快速化和高品质化、交货的准时化以及成本的最低化日益成为企业成长的关键因素，而这些因素直接表现在企业的管理水平上，就是生产过程透明化。生产过程透明化主要是通过对生产过程信息的实时收集和存储，再以表格数据、图形及图像等形式进行展示，最终在授权规定的范围内实现各项数据的透明化。主要体现在如下。

（1）从使用者角度 透明化为企业的管理者、决策者甚至操作人员提供全员的透明。

（2）从时间维度 透明表现在历史情况、现在情况和未来发展趋势的全过程透明。

（3）从业务维度 透明表现在生产进度、交货时间、产品质量情况、设备利用情况等，即生产经营的全景透明。

管理者、决策者甚至操作人员通过全面、及时、准确地了解生产经营的真实情况，分析未来可能的发展变化，将经验管理转变为科学管理，提高管理水平，为企业在激烈竞争中处于不败之地提供管理上的保障。

5. 生产现场无人化 工业机器人和机械手臂等智能设备的广泛应用，使工厂无人化制造成为可能。随着汽车行业的迅猛发展，预计工业机器人的装配量将稳固上升，特别是在汽车制造中的重要性也将越加凸显。在汽车业中采用工业机器人，不仅可以提高产品的质量和产量，而且使人身安全得以保障，在改善劳动环境和减轻劳动强度中起到了重要作用。

二、深度解析——中国一汽在智能制造中的探索

中国第一汽车集团有限公司（以下简称"中国一汽"）在60多年的发展历程中，一直坚持创新驱动战略，为我国汽车工业发展做出了突出贡献。党的十八大以来，中国一汽在新时期积极寻求新突破，把智能制造作为技术创新的重点攻关项目，为未来转型发展提供了强有力的支撑。

（一）中国一汽智能制造的现状及实施方案

目前，中国一汽已策划完成工艺设计、生产制造、物流管理、营销售后管理平台并形成初步方案，部分平台已进入实施阶段（图6-1）。

数字化工厂建设范围

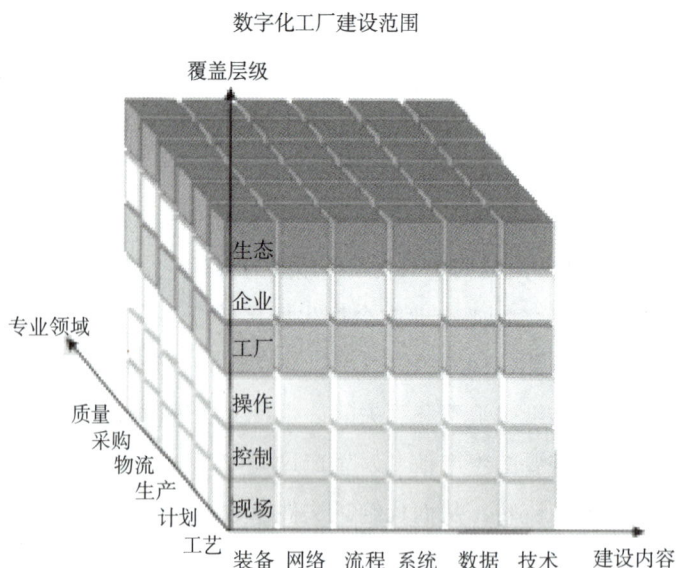

图 6-1 中国一汽智能制造建设框架

同时，围绕专业领域、覆盖层级、建设内容 3 个维度构建框架：①在专业领域方面，围绕大制造领域工艺、计划、生产、物流、采购、质量六大核心专业，打通产品开发、订单交付两大核心业务过程；②在覆盖层级方面，覆盖并贯穿现场层、控制层、操作层、厂管理层、企业管理层、生态协同层；③在建设内容方面，以装备、网络、流程、系统、数据、技术为核心进行数字化能力构建，实现从自动化、信息化向数字化、智能化迈进。

中国一汽将智能制造框架概括为 6 个方面 20 项核心过程，即工艺、采购、质量、计划、生产、物流 6 个方面；工艺协同、工艺能力提升、工艺变更管理、外协件采购、供应商协同、外协件质量闭环管理、供应商质量提升、整车质量闭环管理、检测资源管理、生产计划、物料计划、生产过程、现场管理、人员管理、设备管理、安全管理、能源管理、物流策划、现场物流、入场物流等 20 项核心过程。

在此基础上，将在 21 个大项目上开展创新技术应用及建设工作。分别是数字化工艺平台建设、工艺虚拟仿真建设、工厂建筑工程三维仿真建设、采购管理平台优化、质量管理平台建设、数字化在线监测技术应用、柔性供应链计划系统建设、节能减排技术应用、生产制造平台建设、设备预测性维护技术应用、信息追溯技术应用、数字化生产操作技术应用、零部件物流系统优化、智能物流技术应用、工厂数字化中控平台建设、工厂数字化/智能化装备建设、数字化工厂网络及 IT 基础设施建设、安全防护与体系建设、数字化工厂数据资产构建及治理、智能化应用（工业互联网平台）建设、协同领域应用建设及改造。

除此之外，对智能制造建设实施顺序的决策，关键原则是速赢度、紧迫度、成熟度、重要度与基础度 5 个方面。①速赢度，是指在项目实施后，对价值程度和见效速度的综合评定，分数越高，则表示价值越高、见效越快；②紧迫度，是指业务对项目建设需求的紧迫程度，分数越高，表示项目建设需求的紧迫程度越高；③成熟度，是指对于某些业务管理已经相对成熟的领域，变革管理成本较小，可以优先建设，对于内部管理相对比较薄弱的领域，可以先优化管理流程，减少后续实施阻力；④重要度，是指项目对于相关业务领域的重要性，越重要表示项目建设的必要性越高；⑤项目的基础度，越高表示此项目是其他项目实施的前提，应该先于其他项目实施。

中国一汽通过对智能制造的大力发展建设，正在努力实现数字化工厂的关键场景效果，包括供应商在线协同、智能生产排程、智能化物流、智慧质量检测、数字化工艺设计/仿真、数字化过程采集和追溯、数字化生产作业指导、设备/能源智慧管理、数字化监控中心、透明订单。

2018年，中国一汽对现有红旗工厂H平台、L平台两个总装车间进行智能化改造，并于2019年初投入使用。该项目的整体思路是以打造红旗品牌极致品质为设计目标，应用大量先进技术及装备，构建集柔性化、智能化、自动化、信息化于一体的现代化总装车间。整个车间由一座具有近40年历史的厂房改建而成，通过多项创新性先进技术应用，降低建设投资达5000余万元，施工周期缩短6个月，整车装配质量达到国内一流水平。

1. 工艺装备方面 该项目应用了机器人自动转运、机器人自动装配、光学拍照定位技术、自动拧紧等先进技术，实现多个大型零件的自动化装配，提升整车装配质量，拧紧精度偏差从±20%降低到±5%以内，单班节省作业人员7人。另外，通过应用AGV输送技术，实现生产线的自适应变化，无须特构基础，生产线可在短时间内根据车型大小、产能需求适时调整工位间距与工位数量，使产品换型改造周期从原先的15天缩减到5天，并且减少停产损失与改造投资。

2. 信息系统方面 工厂设有全新开发的MES系统，可实时采集、监控制造过程的车序车型、工艺参数、产品质量、过程数据、能源消耗等信息，并对信息数据进行存储、分析，实现整个生产环节的全信息化闭环管理。信息系统还配有移动端APP，便于日常沟通管理，提升了信息传递速度与工作效率。

3. 缺陷管理方面 MES系统设有力矩管理系统、物流管理系统、安东系统（可视化的信号系统）等多个子系统，相互间信息互联互通，配合RFID技术与大数据管理，实现问题可追溯、缺陷"零流出"。

4. 个性化定制方面 系统预留了与销售订单系统、工艺设计系统等的扩展接口，可实现满足客户任意选配需求的定制化生产，大幅缩短交付周期，提升用户体验。

5. 物流方面 开发应用LES物流执行系统，实现全供应链的数字化管理。LES系统共有三个模块。

（1）看板管理 计划编制、发送订单、在途运输、厂内存储、按需上线，全程由系统自动计算周期及到货时刻并写入看板，真正做到物流与信息流的结合，实现零件的100%"可追溯"。

（2）订单分割 红旗LES物流执行系统创新性地通过日订单货量自动计算、分配，实现订单的智能分割，使批次能够随工厂及生产线实际情况随时调整，达到减少在库、多频次小批量供货目的。同时，施行"堆垛号""批次号"等精益物流管理方式，能够精确指导物流过程中的每个操作，减少搬运及等待环节，提升物流效率，与原有H车型平台总装车间相比，物流环节节省人工7人。

（3）运输监控 零部件实现在途运输监控，有效监控车辆到货，将准时率、错误率等信息自动上传系统，实现零件的数字化管理。

6. 内物流配送方面 红旗新H平台总装车间采用无人化、无棚化的全线SPS自动配货模式，通过厂内近160台AGV完成全部33条运输路线的上线运输。应用LES系统读取物料配送提前期，指导物流配送节奏，AGV根据系统指示将零件准时输送到生产线侧。同时，引入RFID自动识别技术，自动识别场内38种物料器具配送位置，真正做到智能物流，是国内首个实现全无人配送的总装车间，能有效避免错漏装，减少物流配送人员。2018年，红旗工厂获得"2018年度中国最佳工厂制造质量卓越奖"。

（二）推行智能制造的成效

中国一汽自改革以来，在制造领域的重大变革就是完成传统生产方式的转型，建设了数字化工厂。建设范围围绕大制造领域工艺、计划、生产、物流、采购、质量6个方面20项核心过程；打通产品开发、订单交付两大核心业务；覆盖现场、控制、操作、工厂管理、企业管理、生态协同6个系统层级。旨在打造具备高效智能特征、质量卓越、柔性定制、透明可视、绿色环保、人机协同的数字化工厂，制造出用户定义、用户满意的高质量产品。

通过推行智能制造建设，将整车生产周期压缩7个月，订单交付周缩短了26%，千车索赔频次降低15.8%，整车产品审核等级将从1.5提升至1.4，单车制造成本降低10%，材料库存周转率提升50%。整个大制造领域实现系统性效率提升。

（三）智能制造未来的发展规划与愿景

中国一汽智能制造的建设愿景是高效制造出用户定义、用户满意的高质量产品。主要围绕高效智能、柔性定制、绿色环保、质量卓越、透明可视、人机协同6个主要方向，如图6-2所示。

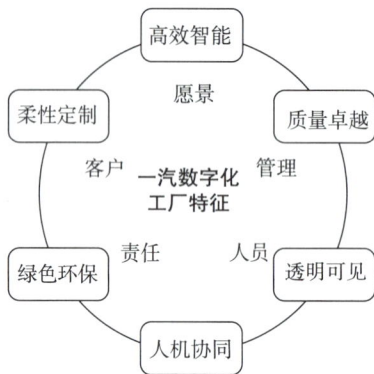

图6-2　中国一汽智能制造建设愿景

结合中国一汽未来发展战略规划，红旗品牌智能制造领域制定了4个发展阶段。第一阶段，信息化及自动化建设，建立生产管理系统，搭建工艺数据平台，提升生产线自动化水平。第二阶段，系统集成与设备集成，将IT层信息系统与OT层设备互联互通，实现自动采集与分析。第三阶段，数字化向智能化过渡，建立协同云平台，通过产品设计、工艺规划、供应商协同实现价值最大化。第四阶段，智能化建设，打通端到端的业务流程，利用大数据分析，实现大规模个性化定制。

红旗品牌智能制造发展规划将从系统建设、设备自动化升级两方面着手：①系统建设，以打通集团生产经营全流程为着眼点，搭建业务系统平台，充分利用自动化信息技术解决方案，探索从产品到销售、从设备控制到企业资源所有环节的信息快速交换，实现数据驱动下的产品价值链协同；②设备自动化升级，通过设备、生产线的自动化升级，使车间充分具备柔性生产能力，对关键设备使用传感器、RFID等技术实现设备可感知，实现工厂内部的系统信息互联互通。

（四）智能制造的经验分享

红旗H平台、L平台数字化工厂的顺利建成凝结了新时期一汽人的智慧与汗水，在此过程中总结提炼了一些在智能制造方面的经验。

1. 工厂规划建设领域　要将智能制造的目标需求结合工艺布局、产品结构、厂房条件等情况统筹考虑，确保方案的整体性。

2. 总装领域的智能制造　主要目标锁定在提升整车质量、减少错漏装、提高管理水平、降低运营成本四个领域，针对目标进行详细分解，便于后续跟踪实施。

3. 智能元件的选型应用　要有系统性，达到相互之间接口形式统一、数据流畅通、无迟滞等要求，实现信息无孤岛，便于后续数字化集成管理。

4. 智能化、自动化　带来的是对产品结构、零件精度、供货状态的反要求，这些要求要提前考虑，并在项目前期就输入给接口部门。

5. 智能制造要有创新性 突破原有思维限制，通过应用新技术、新工艺，创造本领域专属的制造模式。

6. 关键工艺环节 设备要采用冗余设计、闭环控制才能降低设备停台故障，实现质量问题"零流出"。

7. 设备参数、精度等要具备可还原性 故障及检修后能够快速还原到原有正常工作状态，减少调试时间。

中国一汽虽然在探索智能制造和建设数字化工厂方面积累了一定的成功经验，但是在求索过程中同样经历了很多经验教训。

（1）智能制造要有可靠的网络系统支持，现阶段蓝牙、红外等短距离通信在工业领域应用的可靠性还是不够。

（2）各种控制软件要有版本管理体系，对应各个版本要进行集中管理，记录更新内容，避免版本更替导致设备故障。

（3）中控系统与下属各子系统要有明确的信息流存储、传递规则，既不能遗漏信息，也不能过量采集无用信息。

（4）现场管理的声、光等报警、提示要统一规划，避免现场环境嘈杂，影响管理效果。

（5）网络布局，如交换机、机房等要有集中规划，规避加油机等有特殊要求的区域。

（6）设备采用的智能元件要尽量统一品牌、型号，便于后续管理、维护。

第二节 智能制造在医药行业的案例解析

《中国制造2025》将生物医药及高性能医疗器械列入突破发展的重点领域，提出发展创新中药及个性化治疗药物。制药工业的重点任务是实现制药装备智能化和药品生产过程智能化。2016年10月我国工业和信息化部制定了《医药工业发展规划指南》（简称《指南》），提出要加快推进医药工业与新一代信息技术深度融合，引导和支持企业拓展新领域，发展新业态。到2020年，医药生产过程自动化、信息化水平显著提升，大型企业关键工艺过程基本实现自动化，制造执行系统（MES）使用率达到30%以上，建成一批智能制造示范车间。由此可见，推进我国医药领域的智能制造进程刻不容缓。

一、我国医药工业发展现状

当前，我国制药工业存在着企业规模小、企业数量多、产品数量多、技术水平低、新药研发能力低及管理水平低的"一小、二多、三低"现象。

相较于航空航天、汽车制造等自动化、智能化应用较好的行业，制药工业生产形式粗放，自动化与信息化理念与水平都相对落后。尤其是我国中药制药水平目前还处于工业2.0阶段，很多先进技术没能在中药制造业中得到充分应用。在此现状下，智能化转型为改造落后生产方式、提高生产效率和产品质量、促进行业发展创造了机遇，同时也给传统制造业带来了严峻的挑战。

《指南》提出要推进工业化和信息化深度融合，重点在医药管理信息系统开发应用、药品智能生产车间建设和医疗器械自动化生产车间建设三个方面下功夫，打造医药智能制造工程。

我国制药企业在智能工厂建设、数字化车间改造及智能物流升级等方面进行了不断的尝试和积极探索。在工业和信息化部公布的2016年和2017年"智能制造综合标准化与新模式应用项目"中，制药行业项目占 20 个，包括了中药产品智能制造、中药提取智能制造、中药口服固体制剂数字化车间、中药制剂全流程智能制造、中药配方颗粒智能制造、智能工厂改造、注射剂生产与质量管理过程中的智能制造、无菌注射剂智能工厂新模式和大宗原料药医药中间体智能制造等众多项目。如楚天科技生产的国内首台医药无菌生产智能机器人，在项目立项、研发纲领、技术标准和制造水平等各方面的评价均已达到世界水平，该公司也在提供医药装备整体解决方案和打造医药智慧工厂领域取得了突破。又如康缘药业与浙江大学全方位合作，率先建成了数字化工厂系统模型和企业核心数据库，搭建了与生产过程控制、生产管理系统互通集成的实时通信与数据平台，实现了生产设备运行状态的实时监控、故障报警和诊断分析，实现了生产系统全过程智能化、数字化跟踪追溯。此外，江中制药、天士力及昆药集团均在推动新一代信息技术与实体经济深度融合方面进行了有益探索。

智能制造能够最大限度地解放人力，降低劳动力成本；同时由于人工干预的减少，加之数据的在线采集及处理，可使生产环节的数据波动和异常得以及时发现并做出调整，提高设备的稳定性、生产的可控性和产品的均一性；由于数据化贯穿药品生产全周期，可实现全程信息的可追溯。可以说，智能制造的应用打通了从设计、生产到销售整个制造体系各个环节的互联互通，并在此基础上实现了资源的整合优化和提高，进一步提高了企的生产效率和产品质量。

二、生物医药智能制造显著的优势

智能制造和医药工业融合发展可以极大地推动药品制造的智能化、信息化及可追溯化，智能制药工程整体解决方案的应用，在确保药品生产与 GMP 合规性高度符合的同时，将极大地提高生产效率，提高生产柔性，优化资源配置，从而实现节能降耗。生物医药智能制造显著优势主要体现在以下几点。

（1）保障药品质量稳定，减少生产过程人为因素影响，确保创新药、仿制药等品种生产工艺连续性和规范性，以及促进全面生命周期的可追溯性，有利于推动制造业供给侧结构性改革，促进生产方式向定制化、分布式、服务型转变。

（2）高质量药品保障必将提升我国药品出口的国际竞争力，更多地参与全球医药经济和争取更多的话语权。

（3）医药智能制造将大大降低持续攀升的人力成本，实现智能化系统控制替代人力劳动。

（4）可以大幅度缓解制药环保问题捆绑，实现绿色化生产和循环经济发展，促进制药工业的可持续发展。

此外，智能医药设备还能在预警公共卫生事件的暴发、跟踪疫情发展和疫苗研发等方面发挥非常重要的作用。

随着我国医药改革的深入，政策大时代行业正行进在新征程的十字路口，一方面鼓励创新势在必行，另一方面多层举措整合存量调整产业结构，我国医药行业发展进入转型升级关键期。信息化与医药制造深度融合发展，是企业创新布局和优化转型升级的有效途径之一。

三、人工智能医疗器械产业发展分析

智能化升级转型是我国医疗器械产业发展的必经之路。医疗器械产业是制造强国建设的重点领域，具有高度的战略性、带动性和成长性。该产业具有多样化、创新快、多学科融合交叉的特点，是全球各个国家竞相争夺的领域。近年来我国医疗器械产业高速发展，市场规模快速扩大，产业生态基本形成，产品水平不断提升。我国医疗器械产业规模从 2017 年的 7374 亿元增长到 2022 年的 1.3 万亿元，2023

年基本保持稳定，医疗器械行业整体营收年均复合增长率为 12%，高于我国制造业总体增长水平。但同时我国医疗器械产业发展不平衡不充分的问题仍然存在。面对我国高端医疗器械存在部分关键工艺受制于人、整机制造水平相对较低等问题，迫切需要利用人工智能、大数据、云计算等新一代信息通信技术实现产业的智能化数字化升级转型，加快产品的升级换代与性能提升，为产业带来跨越式的发展机遇。

我国长期存在极大规模的医疗资源供需缺口，亟需借助人工智能为医疗行业带来新的增长点。截至 2022 年底，全国卫生人员总数 1441.1 万人，每千人口执业（助理）医师 3.15 人，每千人口注册护士 3.71 人；每万人口全科医生数为 3.28 人，每万人口专业公共卫生机构人员 6.94 人。在村卫生室工作的人员 136.7 万人中，执业（助理）医师和持乡村医生证的人员 114.1 万人。并且存在优质医疗资源高度集中在发达地区、人口老龄化、慢病低龄化形势严峻等问题。面对新发展阶段人民日益增长的医疗卫生健康需求对医疗器械发展提出的新任务新要求，以及国际发展环境深刻变化带来的新形势新挑战，亟需创新现有的诊断治疗模式，解决医疗资源的供需缺口，为保障人民群众生命安全和身体健康提供有力支撑。

1. 多维度立体化的产业生态已基本形成　人工智能医疗器械产业应用价值高，覆盖范围广，吸引了多领域的企业、单位参与。医疗机构、医药制造业等传统医疗卫生行业是数据、需求等资源和场景的提供方，互联网企业、人工智能算法研发企业、医疗器械企业、医疗信息化企业等共同主导产品研发，反哺赋能传统医疗卫生行业，形成产业生态闭环。各个环节的参与方以自身核心能力为切入点，横向拓宽产业应用领域，纵向推进产业环节发展，积极构建多维度、立体化的人工智能医疗器械产业图谱。

2. 行业整体创新活力较强且呈现显著聚集效应　与全球市场相比，中国 AI 医疗器械于 2019 年才形成一定规模，2019—2022 年，中国 AI 医疗器械行业发展迅速，市场规模由 124.7 百万元增加至 1155.6 百万元，年复合增速高达 110.1%。预计未来到 2030 年，市场有望扩容至 75568.8 百万元，年复合增速为 39.2%。据中国信息通信研究院统计，截至 2021 年底，我国人工智能医疗器械生产企业约 740 个，以中小微企业为主力军，创新活力整体较强。主营产品类别覆盖诊断、治疗、监护、康复、中医等领域，主要集中于诊断与治疗两大方向，占比约 66%。

由于人工智能医疗器械产业具有高技术、高风险、长周期、多学科交叉等特点，企业为快速获得技术、人才、资金等资源，多选择集中区域聚集。京津冀、长三角、珠三角三大地区的人工智能医疗器械产业数量占全国 60% 以上。其中，京津冀地区立足拥有大量优质医疗资源，同时依托人工智能与生物医药两大支柱型产业基础，产业链条完整全面，截至目前，北京市企业人工智能医疗器械三类证获批数量占全国近半数；长三角地区依托眼科、骨科、手术器械等医用耗材的生产加工能力，侧重智能体外诊断、智能验光仪等小型检验诊断类器械的设计创新；珠三角地区依托高端制造业基础，聚焦智能重症呼吸机、监护仪等大型治疗监护类器械的研发生产。

3. 应用场景持续创新，全面赋能医疗行业　人工智能医疗器械围绕医疗行业的核心痛点与需求已经催生出大量的创新用途和场景，正在从提升医学装备供给能力、优化诊疗流程、创新医学手段等多个方面赋能医疗行业。将人工智能技术嵌入各类诊断、治疗、监护、康复医学装备中，可以实现医学装备智能化转型，提升医学装备的供给能力。

人工智能技术在扫描、图像重建、分析等多方面全流程赋能影像诊断设备；助力各类手术机器人、放射治疗装备向精准化、微创化、快捷化、智能化及可复用化方向发展；推动监护与生命支持装备向智能化、精准化、远程化方向发展；赋能康复装备向系统化、定制化发展。在诊断方面，人工智能医疗器械推动诊疗流程向标准化方向发展；与5G等无线通信技术结合全面优化院内院外诊疗流程；推动诊断方式从有创向无创转变。

4. 监管路径逐渐清晰   新一代人工智能技术具有快速迭代、数据驱动、可解释性差等特性，这给原有的医疗器械监管体系带来了巨大挑战。近两年来我国监管机构陆续出台一系列条例、法规，明确人工智能医疗器械的上市审批路径。2019年7月，我国成立人工智能医疗器械创新合作平台，以促进人工智能医疗器械监管研究，同时在全球率先发布《深度学习辅助决策医疗器械软件审评要点》，明确审评关注要点。2022年3月，国家药监局颁布《人工智能医疗器械注册审查指导原则》，对人工智能医疗器械类型进行界定，并对人工智能医疗器械生存周期过程，包括需求分析、数据收集、算法设计、验证确认、更新控制等环节做出了规定，并提供了16类技术考量因素，对AI医疗器械划定完成进一步规范。并于2022年5月和6月，分别发布了《肺结节CT图像辅助检测软件注册审查指导原则》《糖尿病视网膜病变眼底图像辅助诊断软件注册审查指导原则》，对两类典型产品的专用要求进行了明确。

四、医药领域智能制造面临的问题与建议

（一）面临的问题及挑战

1. 药品生产规范要与智能设备合规性高度符合   为规范药品研发、生产及销售等全过程，药品监督管理部门立足于我国现阶段国情制定了药物非临床研究质量管理规范（GLP）、药品生产质量管理规范（GMP）及药品经营质量管理规范（GSP）等一系列基本准则，对药品研发、生产和流通环节起到了规范和约束作用，保证了药品的质量。而随着智能制造的深入推进，其转变了传统的药品生产管理理念和药品生产模式，引入了各类智能化设备及信息传输系统，这就使得药品相关的管理规范应适应生产实际并进行相应调整，以促进行业发展，即智能设备应用在设计之初就应保证其合规性。同时，由于医药制造对不合格产品的零容忍及对产品均一性的高要求，使得设备及系统的验证同样至关重要，这也是制药行业未来将要面临的一个问题。

2. 定制化生产要突破审批瓶颈   智能制造是以客户需求为中心，并根据需求的变化灵活调整产品设计方案，快速提供客户所需个性化产品的生产过程。如个性化制造、精准医疗可以通过3D打印这一混合制造技术，根据不同患者的需求定制不同结构性能的医疗产品，甚至根据不同患者对药物的吸收情况，制造符合其吸收特性的片剂。从生产制造角度看，个性化要求生产线具有高度柔性，通过各个生产模块的组合，实现产品的生产。但是，药品的特殊性则决定其从研发到上市均要经过严格的审批流程，这将成为其发展的瓶颈。

3. 行业标准和人才的缺失成为制约因素   目前，涉及大数据、智能机器人、高端仪表、传感器及智能服务的设备规范或行业标准尚不健全和统一，导致难以实现智能工厂网路的互联互通，使得信息无法在不同层次、不同设备之间进行传输和解析。此外，医药行业智能制造的发展亟需药学、机械和信息等专业跨界融合的复合型技术人才。可以说，这类人才的短缺已成为制约医药领域智能制造发展的突出问题。

（二）对策及建议

1. 加强产学研用合作，增强医药产业协同创新能力   立足行业现状，针对技术特点，创新产学研用合作模式，以促进技术成果的协同创新，快速实现创新科技成果的转化应用，为制药工业的智能化注入新的动力。

2. 重视人才的培养和引进，加强国际合作   支持智能制造相关学科设立，加强智能制造人才培养

体系建设和人才引进机制，扩大对外开放。在智能制造标准制定、知识产权保护等方面广泛开展国际交流与合作，深化已经形成的中外合作，推动重点产业国际化布局，借鉴其他行业经验，加强关键共性技术创新，提高企业国际竞争力。

3. 培育智能制造生态体系　该体系的成功培育将有助于相关领域的交流与融合，推动智能化发展。其包括药品生产企业、设备制造企业、信息化服务企业、软件服务企业和产品销售企业等一系列与产品制造全流程相关的单元，是围绕智能制造不同领域的开放性平台。

4. 建设智能制造标准体系　这是一项长期而紧迫的任务，需要以多部门协调及国际合作为基础，并借助于多标委会协作的工作机制。如我国与德国已形成比较稳定的合作，中德标准化合作委员会合作机制下的中德智能制造/工业4.0标准化工作组和中德电动汽车标准化工作组已召开了六次全体会议，明确表示今后双方将继续加强参考模型互认、信息安全与功能安全、网络通信与边缘计算、预测性维护、应用案例等方面的合作，完成预期目标；双方将继续加强智能制造能力成熟度模型、基于机器视觉的在线检测和制造系统接口等新议题上的信息交流和双边合作，并加强在国际标准化工作中的合作；双方成立标准地图任务组和人工智能任务组，共同推进多个领域的国际标准化工作。

目标检测

1. 根据教材中提到的几个典型案例，谈谈你对智能制造应用的理解。

2. 你认为医药行业的智能制造可以从哪几方面推进？

3. 结合教材中提到的典型案例，你认为我国在智能制造领域的发展应用与国外的差别在哪里？你如何看待？

参考文献

［1］郑力，莫莉．智能制造：技术前沿与探索应用［M］．北京：清华大学出版社，2021．

［2］黄培，许之颖，张荷芳．智能制造实践［M］．北京：清华大学出版社，2021．

［3］工业和信息化部消费品工业司．智能制造消费品工业方案：医药篇［M］．北京：电子工业出版社，2020．

［4］范君艳，樊江玲．智能制造技术概论［M］．武汉：华中科技大学出版社，2022．

［5］周济．智能制造："中国制造2025"的主攻方向［J］．中国机械工程，2015（9）：2273－2284．

［6］刘建丽，李娇．智能制造：概念演化、体系解构与高质量发展［J］．改革，2024（2）：75－88．

［7］李宁．装备制造业智能制造技术研究及应用［J］．机械工程与自动化，2022（03）：224－226．

［8］张庶萍．生物医药产业智能化转型的思考［J］．中国生物制品学杂志，2024（37）：125－128．